明远通识文库

通川至海，立一识大

主 编：李 菲 李春霞

副主编：梁 昭 邱 硕 完德加

美美与共

人 类 学 的
行 与 思

一

四川大学出版社
SICHUAN UNIVERSITY PRESS

| 总 序 |

通识教育的"川大方案"

◎ 李言荣

　　大学之道，学以成人。作为大学精神的重要体现，以培养"全人"为目标的通识教育是对"人的自由而全面的发展"的积极回应。自19世纪初被正式提出以来，通识教育便以其对人类历史、现实及未来的宏大视野和深切关怀，在现代教育体系中发挥着无可替代的作用。

　　如今，全球正经历新一轮大发展大变革大调整，通识教育自然而然被赋予了更多使命。放眼世界，面对社会分工的日益细碎、专业壁垒的日益高筑，通识教育能否成为砸破学院之"墙"的有力工具？面对经济社会飞速发展中的常与变、全球化背景下的危与机，通识教育能否成为对抗利己主义，挣脱偏见、迷信和教条主义束缚的有力武器？面对大数据算法用"知识碎片"织就的"信息茧房"、人工智能向人类智能发起的重重挑战，通识教育能否成为人类叩开真理之门、确证自我价值的有效法宝？凝望中国，我们正前所未有地靠近世界舞台中心，前所未有地接近实现中华民族伟大复兴，通识教育又该如何助力教育强国建设，培养出一批堪当民族复兴重任的时代新人？

　　这些问题都需要通识教育做出新的回答。为此，我们必须立足当下、面向未来，立足中国、面向世界，重新描绘通识教育的蓝图，给出具有针对性、系统性、实操性和前瞻性的方案。

　　一般而言，通识教育是超越各学科专业教育，针对人的共性、公民的共性、技能的共性和文化的共性知识和能力的教育，是对社会中不同人群的共同认识和价值观的培养。时代新人要成为面向未来的优秀公民和创新人才，就必须具有健全的人格，具有人文情怀和科学精神，具有独立生活、独立思考和独立研究的能力，具有社会责任感和使命担当，具有足以胜任未来挑战的全球竞争力。针对这"五个具有"的能力培养，理应贯穿通识教育始终。基于此，我认为新时代的通识教育应该面向五个维度展开。

第一，厚植家国情怀，强化使命担当。如何培养人是教育的根本问题。时代新人要肩负起中华民族伟大复兴的历史重任，首先要胸怀祖国，情系人民，在伟大民族精神和优秀传统文化的熏陶中潜沉情感、超拔意志、丰博趣味、豁朗胸襟，从而汇聚起实现中华民族伟大复兴的磅礴力量。因此，新时代的通识教育必须聚焦立德树人这一根本任务，为学生点亮领航人生之灯，使其深入领悟人类文明和中华优秀传统文化的精髓，增强民族认同与文化自信。

第二，打好人生底色，奠基全面发展。高品质的通识教育可转化为学生的思维能力、思想格局和精神境界，进而转化为学生直面飞速发展的世界、应对变幻莫测的未来的本领。因此，无论学生将来会读到何种学位、从事何种工作，通识教育都应该聚焦"三观"培养和视野拓展，为学生搭稳登高望远之梯，使其有机会多了解人类文明史，多探究人与自然的关系，这样才有可能培养出德才兼备、软硬实力兼具的人，培养出既有思维深度又不乏视野广度的人，培养出开放阳光又坚韧不拔的人。

第三，提倡独立思考，激发创新能力。当前中国正面临"两个大局"，经济、社会等各领域的高质量发展都有赖于科技创新的支撑、引领、推动。而通识教育的力量正在于激活学生的创新基因，使其提出有益的质疑与反思，享受创新创造的快乐。因此，新时代的通识教育必须聚焦独立思考能力和底层思维方式的训练，为学生打造破冰拓土之船，使其从惯于模仿向敢于质疑再到勇于创新转变。同时，要使其多了解世界科技史，使其产生立于人类历史之巅鸟瞰人类文明演进的壮阔之感，进而生发创新创造的欲望、填补空白的冲动。

第四，打破学科局限，鼓励跨界融合。当今科学领域的专业划分越来越细，既碎片化了人们的创新思想和创造能力，又稀释了科技资源，既不利于创新人才的培养，也不利于"从0到1"的重大原始创新成果的产生。而通识教育就是要跨越学科界限，实现不同学科间的互联互通，凝聚起高于各学科专业知识的科技共识、文化共识和人性共识，直抵事物内在本质。这对于在未来多学科交叉融通解决大问题非常重要。因此，新时代的通识教育应该聚焦学科交叉融合，为学生架起游弋穿梭之桥，引导学生更多地以"他山之石"攻"本山之玉"。其中，信息技术素养的培养是基础中的基础。

第五，构建全球视野，培育世界公民。未来，中国人将越来越频繁地走到世界舞台中央去展示甚至引领。他们既应该怀抱对本国历史的温情与敬意，深刻领悟中华优秀传统文化的精髓，同时又必须站在更高的位置打量世界，洞悉自身在人类文明和世界格局中的地位和价值。因此，新时代的通识教育必须聚焦全球视野的构建和全球胜任力的培养，为学生铺就通往国际舞台之路，使其真正了解世界，不孤陋寡闻，真正了解中国，不妄自菲薄，真正了解人类，不孤芳自赏；不仅关注自我、关注社会、关注国家，还关注世界、关注人类、关注未来。

我相信，以上五方面齐头并进，就能呈现出通识教育的理想图景。但从现实情况来看，我们目前所实施的通识教育还不能充分满足当下及未来对人才的需求，也不足以支撑起民族复兴的重任。其问题主要体现在两个方面：

其一，问题导向不突出，主要表现为当前的通识教育课程体系大多是按预设的知识结构来补充和完善的，其实质仍然是以院系为基础、以学科专业为中心的知识教育，而非以问题为导向、以提高学生综合素养及解决复杂问题的能力为目标的通识教育。换言之，这种通识教育课程体系仅对完善学生知识结构有一定帮助，而对完善学生能力结构和人格结构效果有限。这一问题归根结底是未能彻底回归教育本质。

其二，未来导向不明显，主要表现为没有充分考虑未来全球发展及我国建设社会主义现代化强国对人才的需求，难以培养出在未来具有国际竞争力的人才。其症结之一是对学生独立思考和深度思考能力的培养不够，尤其未能有效激活学生问问题，问好问题，层层剥离后问出有挑战性、有想象力的问题的能力。其症结之二是对学生引领全国乃至引领世界能力的培养不够。这一问题归根结底是未能完全顺应时代潮流。

时代是"出卷人"，我们都是"答卷人"。自百余年前四川省城高等学堂（四川大学前身之一）首任校长胡峻提出"仰副国家，造就通才"的办学宗旨以来，四川大学便始终以集思想之大成、育国家之栋梁、开学术之先河、促科技之进步、引社会之方向为己任，探索通识成人的大道，为国家民族输送人才。

正如社会所期望，川大英才应该是文科生才华横溢、仪表堂堂，医科生医术精湛、医者仁心，理科生学术深厚、术业专攻，工科生技术过硬、行业引领。但在我看来，川大的育人之道向来不只在于专精，更在于博通，因此从川大走出的大成之才不应仅是各专业领域的精英，而更应是真正"完整的、大写的人"。简而言之，川大英才除了精熟专业技能，还应该有川大人所共有的川大气质、川大味道、川大烙印。

关于这一点，或许可以打一不太恰当的比喻。到过四川的人，大多对四川泡菜赞不绝口。事实上，一坛泡菜的风味，不仅取决于食材，更取决于泡菜水的配方以及发酵的工艺和环境。以之类比，四川大学的通识教育正是要提供一坛既富含"复合维生素"又富含"丰富乳酸菌"的"泡菜水"，让浸润其中的川大学子有一股独特的"川大味道"。

为了配制这样一坛"泡菜水"，四川大学近年来紧紧围绕立德树人根本任务，充分发挥文理工医多学科优势，聚焦"厚通识、宽视野、多交叉"，制定实施了通识教育的"川大方案"。具体而言，就是坚持问题导向和未来导向，以"培育家国情怀、涵养人文底蕴、弘扬科学精神、促进融合创新"为目标，以"世界科技史"和"人类文明史"为四川大学通识教育体系的两大动脉，以"人类演进与社会文明""科学进步与技术革命"和"中华文化（文史哲艺）"为三大先导课程，按"人文与艺术""自然与科技""生命与健康""信息与交叉""责任与视野"五大模块打造100门通识"金课"，并邀请院士、杰出教授等名师大家担任课程模块首席专家，在实现知识传授和能力培养的同时，突出价值引领和品格塑造。

如今呈现在大家面前的这套"四川大学通识教育读本"，即按照通识教育"川大方案"打造的通识读本，也是百门通识"金课"的智慧结晶。按计划，丛书共100部，分属于五大模块。

——"人文与艺术"模块，突出对世界及中华优秀文化的学习，鼓励读者以更加开放的心态学习和借鉴其他文明的优秀成果，了解人类文明演进的过程和现实世界，着力提升自身的人文修养、文化自信和责任担当。

——"自然与科技"模块，突出对全球重大科学发现、科技发展脉络的梳理，以帮助读者更全面、更深入地了解自身所在领域，培养科学精神、科学思维和科学方法，以及创新引领的战略思维、深度思考和独立研究能力。

——"生命与健康"模块，突出对生命科学、医学、生命伦理等领域的学习探索，强化对大自然、对生命的尊重与敬畏，帮助读者保持身心健康、积极、阳光。

——"信息与交叉"模块，突出以"信息+"推动实现"万物互联"和"万物智能"的新场景，使读者形成更宽的专业知识面和多学科的学术视野，进而成为探索科学前沿、创造未来技术的创新人才。

——"责任与视野"模块，着重探讨全球化时代多文明共存背景下人类面临的若干共同议题，鼓励读者不仅要有参与、融入国际事务的能力和胆识，更要有影响和引领全球事务的国际竞争力和领导力。

百部通识读本既相对独立又有机融通，共同构成了四川大学通识教育体系的重要一翼。它们体系精巧、知识丰博，皆出自名师大家之手，是大家著小书的生动范例。它们坚持思想性、知识性、系统性、可读性与趣味性的统一，力求将各学科的基本常识、思维方法以及价值观念简明扼要地呈现给读者，引领读者攀上知识树的顶端，一览人类知识的全景，并竭力揭示各知识之间交汇贯通的路径，以便读者自如穿梭于知识枝叶之间，兼收并蓄，掇菁撷华。

总之，通过这套书，我们不惟希望引领读者走进某一学科殿堂，更希望借此重申通识教育与终身学习的必要，并以具有强烈问题意识和未来意识的通识教育"川大方案"，使每位崇尚智识的读者都有机会获得心灵的满足，保持思想的活力，成就更开放通达的自我。

是为序。

（本文作于2023年1月，作者系中国工程院院士，时任四川大学校长）

序

只要你愿意，下一刻你就能成为一名人类学家：打开外婆的酱菜缸品一口时间的味道，窝在草垛里和庄稼汉聊聊今年地里的收成，打听隔壁老王办喜事收了多少红包，走一趟边陲村寨体验多民族文化风情……

或者可以说，每个人都是天生的人类学家：从懵懂孩童睁眼探知世界开始，人类学就与我们息息相关——从牙牙学语到张口呼唤至亲，亲属称谓是人类学皇冠上的闪亮宝石；少年离家远行，在异乡体味多元文化，交流与理解是人类学肩负的使命；年过而立至耳顺古稀，家国与天下、谋生与经济、信仰与情感，皆是人生道路上起伏跌宕的挑战与风景……

人类学既是闪耀着璀璨智慧光芒的星辰与大海，也是渗透入日常生活的微风和沙砾。这门学问的起点和精髓，就在于打开"异文化"的潘多拉之盒，走出"我"，看见"他"，遭遇"你"；更在于透过田野行走和民族志反思，将"人"本身重塑为一个真正的问题。

本书分为十二章，覆盖了人类学的三个核心板块。第一个板块包括第一至三章，概述了人类学的学科特征及其所关注的人类、社会、文化，以及人类学核心研究方法"田野调查"；第二个板块包括第四至九章，针对人类学关注的主题进行专题式介绍，分别从婚姻、食物、社会、信仰、乡土与都市、物种这六个话题展开"人类学家的思考"；第三个板块包括第十至十二章，涉及学术反思和前沿拓展，从社会科学、医学与数智时代三个角度探讨了人类学的跨学科性与未来可能。

　　《美美与共：人类学的行与思》——一本以"不一样"为旨趣的创新教材，为你开启人类学的通识之旅。

李　菲　李春霞

2024年3月31日

目　录

第一章

当"人"成为问题：人类学导论

如何理解人？

"我思故我在"是笛卡尔留下的一个经典的哲学命题。人文科学如文学、哲学、艺术在探讨这个命题时，往往从"我思"出发；而人类学则基于实证和田野，从"我在"出发。当然，"我在"并不指一个具体的地方（田野），"在"不仅仅需要从微观尺度出发，还需要在宏观尺度上综合打量，也就是必须考量"在"的时间尺度和空间尺度。

时间捉摸不定，不过，从一页页翻过的日历、行走不息的秒针，我们可以发现人类日常生活中的时间：一日三餐，晨昏昼夜，是每个人每天经历的日常和世俗。如果将人类有史以来所有"时钟"叠加在一起看，人类如群星闪耀般存在于地球。沧海桑田变幻，人类社会更迭、文明闪烁，各地区的人群所孕育的历史亦有着不同的演化历程。如果将宇宙出现至今的约140亿年压缩为1年，那么人类诞生至今，大概只有几秒，人类历程在宇宙时间中不过一瞬。空间似乎比时间更具象些，以你的上下左右为基点的空间，不仅处于某地方之上，也在世界与宇宙的空间中。

在宇宙中，人是渺小的存在。在时间、空间尺度中度量"我"如何"在"，总是逃离不了宏大之下人的微渺。人类学的出现，可以将人从浩渺无垠的时空宇宙中解放出来，不是从大到小去理解人，而是从田野的微观现场中发现人之所以为人、社会之所以为社会的所在，从具体的"麻雀"中体察人类与社会之"五脏"如何"俱全"。

小知识窗
人类世与金钉子

"人类世"（The Anthropocene）是在人类活动引起全球性环境问题的现实背景下提出的，强调人类活动是一种重要的"地质营力"，其对地球改变的程度与后果足以与传统的地质营力如地震、造山运动等相匹敌。

"金钉子"，即全球界线层型剖面和层型点（Global Boundary Stratotype Section and Point，简称GSSP），是确定和识别地球两个时代地层之间界线的唯一标志。一旦在世界某个地方"钉下"，该地点就变成一个地质年代的"国际标准"。只有找到地质学界公认的"金钉子"，才能确定"人类世"的边界或标志物。

第一节 人类奇怪事件簿：人类及社会文化重要特点

孟子曰："人之所以异于禽兽者几希。"（《孟子·离娄下》）亚圣孟轲曾提到人与动物的区别微小，而在19世纪，达尔文石破天惊地提出人是由古猿进化而来的观点后，人类便不得不回答人之所以不同于其他物种的理据究竟何在。对此，人类学的回答是：人是由文化养成的，有复杂的心智；人类社会的独特性在于它是由地缘与血缘的共时维度和历时维度交织形成的。

一、鸡蛋、机器人和婴儿：人类极为特殊的养成过程

（一）人的成长是漫长的习得过程

大家有没有想过，怎样才算成年：是16岁应当办身份证，还是过18岁的生日，抑或是拿到第一份工资？事实上，文化多样性赋予了不同文化中标志成年的不同方式，且成年的社会文化含义也不尽相同。

在古代中国，最普遍的成年礼是冠礼和笄礼。古代男子20岁行冠礼以表成年，但体犹未壮，相对年少，又称"弱冠"；女子满15岁结发，用笄贯之，表示到了可以许配或出嫁的年龄。除了冠礼、笄礼，中国许多地方还保留着各具民俗趣味的成人礼习俗，如广东潮汕"出花园"、广东龙门县蓝田瑶族"舞火狗"、广西凤山瑶族"度戒"等。在潮汕，"出花园"的孩子要用浸泡着12种鲜花的温水沐浴，寓意用芬芳洗去孩子气；沐浴后穿上肚兜等新衣服和红木屐。此外，孩子必须整天待在屋子里，母亲则要代表其到庙宇祭拜保护神"花公花妈"，答谢神明庇佑

孩子健康成长。蓝田瑶族少女的成年礼"舞火狗"则来源于蓝田瑶族对狗的图腾崇拜。在当地传说中，瑶族先祖是靠狗奶喂养大的，瑶民要永记狗是"再生之母"，感念其恩德，因此于每年农历八月十五晚上举行"舞火狗"作为少女的成年礼活动，以之为纪念。蓝田瑶族15至18岁的少女，要参加2至3次成年礼活动，才能谈婚论嫁、组建家庭。此外，在现今非洲的冈比亚共和国和塞内加尔共和国，还能见到被称为"坎科冉"的成人礼（也叫曼丁成人礼）。受礼的年轻人戴上面具并穿上特殊的服装进入森林，然后在村里守夜游行；已完成成人礼的人会伴随在旁，还会有一些人进行歌舞表演，模仿受礼者的行为。当受礼者挥舞起弯刀并发出痛苦的哭嚎时，会断续跳一段舞蹈，其他人拿着树枝和棕榈树叶子跟随其后，并用桶子鼓打出节奏伴着合唱。

如上林林总总的仪式，在人类学中以一个共同的概念表示，即"成人礼"（Initiation rite）。成人礼是不同社会普遍的文化现象，代表着人的社会化和文化习得，它是人漫长一生中文化习得过程的一个阶段。与鸡蛋孵化长成小鸡、机器人芯片植入或程序指令输入不同，人类文化习得过程是后天的、动态的。人类是在整体性、动态性地理解世界的文化中生成的特殊物种。

（二）冰封之地：人的肉体脆弱性、坚韧性与适应性

茫茫雪原之中，一座冰雪小屋内，一家因纽特人穿着厚厚的动物皮毛衣、吃着大块的驯鹿肉和鳕鱼，讨论着今年夏天要捉多少海雀以过冬……在北极圈内这样极寒的地方，因纽特人已经生活了四千多年。他们为人类探索低温生存极限提供了范例，展现了人体的坚韧性和适应性。

对人类来说，极地地区环境极其恶劣，能够获得的食物和资源稀少。由于人类肉体的脆弱，地球上最后被发现的"第七大陆"南极至今仍没有人类定居的痕迹。然而，因纽特人却在北极生活了数千年，并发展出一套特有的生存策略：他们狩猎动物获取肉和皮毛，食用含脂肪

量高的食物以供给身体足够的能量来对抗严寒；利用各种动物的皮毛
做衣服，出门时只会把脸部露在外面以防止冻伤。因纽特人的身体代
谢非常快，燃烧脂肪的速度也很快；在基因上，两组基因（TBX15和
WARS2）的突变使他们更加耐寒且对极地有极强的适应性。因纽特儿
童从小就要学会鉴别冰雪的微小差异、识别暴风雪预兆、认识猎物迁
徙方式等，这些关于气候的知识为他们在极寒环境的生存提供了文化
基础。

　　如果说因纽特人是世界上抗冻性很强的人群，那么"海上吉卜赛
人"巴瑶族则极擅长潜水。生活在菲律宾、马来西亚和印度尼西亚之间
海域的巴瑶族被外界冠以"人鱼"的称号，因长时间在海上生活，他们
的潜水能力十分惊人，很多巴瑶人仅凭简单的工具就可以一口气下潜30
多米。科学家经过研究发现，巴瑶人的脾脏比周边的萨卢安人增大了
约50%，当机体缺氧时，其脾脏会收缩，将储存的富氧红细胞液释放，
为机体供氧。巴瑶人还拥有萨卢安人所没有的基因变体（PDE10A和
BDKRB2）。

　　"屏住呼吸，一动不动的话就能坚持2到3分钟，失去意识1分钟，
呼吸停止之后3分钟之内心脏还是跳动的，只要在此期间被救出去的话
就有可能活下来。人类，异常顽强。"这是日剧《非自然死亡》中，困
于落水车厢的角色说的话。作为自然界中的生物，人类是脆弱的，但人
类因发展出一套与自然相适应的文化而生存，而适应自然、改造自然说
明人类又是极具坚韧性和适应性的。

（三）人的复杂性：一半是天才，一半是疯子

　　美国纪实小说《24个比利》曾风靡一时，讲述了犯下重罪的比
利·米利根身体里有24个人格的故事，这些人格不仅性格各异，智商、
年龄、国籍、语言、性别等方面也不尽相同，离奇曲折的情节背后潜藏
着人的复杂性。

　　古希腊悲剧《俄狄浦斯王》中，王子俄狄浦斯在无知于"神谕"命

运的情况下弑父娶母，这一故事被弗洛伊德化用为"俄狄浦斯情结"。其所指即人类无意识领域中以性本能为核心的本能愿望，体现在男孩身上是爱母憎父，女孩则是爱父憎母。弗洛伊德借助"俄狄浦斯情结"在《图腾与禁忌》一书（1913）中构拟了原始部落图腾崇拜起源的故事，揭示了名为图腾餐仪式的心理原因，反映了人心的曲折。

在人类生活的真实世界中，个体的心理和行为也复杂多变。画家凡·高、哲学家尼采常被认为是"一半是天才，一半是疯子"的代表：才华横溢的凡·高在其《星夜》《向日葵》等作品中淋漓尽致地展现其天才的一面，却割下自己的耳朵且最终用左轮手枪结束自己的生命；振聋发聩地提出"超人哲学"的尼采曾在都灵大街上抱着一匹受马夫鞭打的马的脖子哭到失去理智。

人性复杂多变，人心曲折幽深，你在人前又会戴上什么样的面具，扮演什么样的角色？真实的你，是才华横溢如天才，还是内心癫狂如疯子？"人心惟危"，也许你永远也给不出答案，"认识自己"会是一生的功课。

小知识窗

差序格局

费孝通先生在《乡土中国》中提出，中国乡土社会的基层结构是"差序格局"，是"一根根私人联系所构成的网络"。

借用传统儒家定义"伦"为"水文相次有伦理也"和"推己及人"来理解，差序格局就像丢一块石头在水面上形成的一圈圈往外推的同心圆波纹，每个人都是从他自身社会影响所推出去的圈子的中心。被波纹所推及的就发生联系。乡土社会中的亲属关系、地缘关系都具有这样的性质。

二、蚂蚁也有社会？

你是否思考过，在共时层面上，人类是如何在地球这一广阔空间中形成各自有序的社会结构的？

墙角处忙忙碌碌的蚂蚁、荒原上对月嚎叫的狼群是否也有社会？蚂蚁的"王国"常由一个或一个以上的蚁后和群蚁组成，蚁后负责繁殖后代，工蚁则负责筑巢、喂养蚁群、培育幼蚁、保护蚁巢，秩序分明。狼也是群体活动。成群结队的狼以最强壮的雄狼为领袖，它再和一只母狼组成一对领导者，负责巡逻领域边界，解决狼群成员的争端，带领队伍迁移。蚂蚁和狼都是社会性生物，那么，人类社会和动物社会究竟有何不同呢？

有两首耳熟能详的民谣、儿歌隐藏着人类群体是如何组织起来的秘密。

第一首民谣是这样的：

红伞伞，白杆杆，吃完一起躺板板。
躺板板，睡棺棺，然后一起埋山山。
埋山山，哭喊喊，全村都来吃饭饭。
吃饭饭，有伞伞，全村一起躺板板。
躺板板，埋山山，大家一起风干干。
风干干，白杆杆，身上一起长伞伞。

无论是围坐在村口老榕树下或水井边讨论家长里短，还是因吃了毒菌子而全村一起"躺板板、埋山山"，都表示着生活在同一地理区域、以区位和地理因素为基础联结形成的地缘关系是维系人与人之间关系的重要纽带。

第二首儿歌是这样的：

爸爸的爸爸叫什么？爸爸的爸爸叫爷爷。
爸爸的妈妈叫什么？爸爸的妈妈叫奶奶。
妈妈的爸爸叫什么？妈妈的爸爸叫外公。
妈妈的妈妈叫什么？妈妈的妈妈叫外婆。

这首几乎每个小孩都会唱的《家族歌》看似简单，实际上反映了通过单系血亲传递（纵向）和联姻（横向）形成的亲属关系网络。亲属关系是社会结构中最重要的联系，姓氏、辈分、家谱、族谱都反映了这种联系。凉山彝族有由毕摩（彝族祭司）主持的"送祖灵"习俗，顾名思义，就是将去世祖先的灵魂送往先祖已去的地方，希冀祖先保佑子孙繁衍、福禄吉祥、氏族和美。而人类学家许烺光也在《祖荫下》一书中，围绕喜洲人以"祖先的庇荫"为中心的一切活动，探讨了人们与祖先信仰有关的社会行为，如阳宅"四合五天井"的建筑形制，表达了人人皆生活在祖荫下的观念。

正是地缘关系和亲缘关系的结合，人类社会才得以形成相对稳定的社会群体和组织结构，以此维持着日常生活的连续性和恒常性。

三、香水、病菌与枪炮

斯宾塞·约翰逊在《谁动了我的奶酪》中提出，"变"是唯一的"不变"。事物永恒运动与相对静止的道理同样适用于从历时维度来打量人类社会文化的变迁。

你会使用香水吗？香水对你而言有什么意义——是香味，是个性，还是高雅？香水看似无足轻重，却能从侧面揭示人类社会文化的变迁。

英语中的Perfume源于拉丁语前缀per（通过）与fumus（烟），意为"以烟熏"。在石器时代，已学会用火的人们认为物体焚烧后所散发的烟雾是神灵与大地的联系，是与神灵沟通的方式。因此，祭拜神灵所用的焚香十分神圣，不可随便使用。在古埃及圣地"太阳之城"赫利奥波利斯（Heliopolis）举行的太阳礼拜仪式中，古埃及人要根据不同时间决定焚香的种类——日出烧树脂，日中烧没药，日落烧"卡佩"（埃及语为kyphi，一种含有菖蒲、桂皮、肉桂等香料的焚香）。寺庙、宴会和葬礼都会焚香的古埃及人还会在制作木乃伊的过程中加入没药、肉桂、迷迭香等香料，这是芳香疗法的早期应用。

芳香疗法在古埃及应用广泛，然而，在基督教中，焚香却是没有实际用途的"无用"行为。虽然阿拉伯地区因基督教的兴起、传播而抑制了香料的使用，但阿拉伯人仍然保持用香习惯。伊斯兰教创立者穆罕默德的信徒们热爱麝香、玫瑰、琥珀的香味，他们将香料和建造宫殿的水泥混合，使建筑散发淡淡的香味。10世纪，在蒸馏器发明之后，波斯的玫瑰被运往阿拉伯"香之都"巴格达提炼玫瑰油。之后，酒精能溶解香精并保存香味的特性的发现，以及蒸馏法、吸脂法等的发明都为香水的制作提供了技术基础。随着制作工艺的日臻成熟，香水的大量使用便成为可能。

16世纪，"太阳王"路易十四的居所和宫廷凡尔赛宫因芬芳四溢而被人称为"芳香的宫殿"，宫廷里有身份的女性都有自己"独家定制"的香水款式，路易十四甚至要求侍者在所有房间喷上不同的香水。香水象征着人们的财富、社会地位和个性。不过，凡尔赛宫浓郁的香水味也是为了掩盖当时人们的体味。欧洲人曾认为洗澡有害健康，直到19世纪中期，霍乱横行的危机使人们开始提高洁净用水频率，并配置了有效的排污系统。随着洗澡次数的增加，人们用香水遮掩体味的需求也逐渐减少。由此可见，香水的历史也反映了人类清洁观念发展的历史。

香水看似"无用"，实则是人类社会文化变迁的气味标签，是"无用之用"。而枪炮与病菌，同样从侧面标志着人类历史的裂变与渐进。

病菌与自然及人类历史协同变迁，其变化缓慢，但一旦激变，便可能造成大规模传染病，如鼠疫、流感等。炼丹家原本为求长生而发明的火药成为枪炮的引子，而枪炮开启了热兵器时代，在某种程度上促成了人类的战争行为。然而，无论是病菌还是枪炮，在贾雷德·戴蒙德（Jared Mason Diamond）看来都不是造成人类历史不同轨迹的"终极因"，而是认为"不同民族的历史遵循不同的道路前进，其原因是民族环境的差异，而不是民族自身在生物学上的差异"[①]。贾雷德·戴蒙德在《枪炮、病菌与钢铁》中提出，各大陆地理环境的差异导致了食物生产的地理差异，从而导致技术（如枪炮）、病菌、文字、政治的差异，最终决定了世界各民族不同的发展路径。

香水也好，病菌、枪炮也罢，在历时维度下，人类社会文化永恒不变的主题正是变迁。

第二节 "四驾马车"：人类学的四大传统

人在文化习得中成长，成为日益复杂的社会人。社会在历时维度和共时维度中交织变化，组成稳固复杂的组织结构。人类学在研究人、研究社会的过程中细分出的四大学科分支——体质人类学、考古人类学、语言人类学和文化人类学，正是为了解答"人从何而来""人类社会时间上存在的历史证据何在""人与人之间对谈、对话何以实现"及"人类文化形态如何"的问题。

---

① 〔美〕贾雷德·戴蒙德：《枪炮、病菌与钢铁——人类社会的命运》（修订版），谢延光译，上海译文出版社，2016年版，第15页。

一、"披头士"与"露西"：体质人类学

体质人类学关注人体的生物差异和变异，通过测量并记录人类性别、年龄以及身体各部分的尺寸、形状和比例等数据，获取关于各时代、各地区人类体质特征的信息，以追寻人类的起源、演变和迁徙。

（一）消失的北京人头盖骨：化石考古

当被问及"我们的祖先究竟是谁？"，你也许会想到北京猿人（又称"北京人"）或山顶洞人。但事实上，北京人头盖骨的消失不仅指其化石保存意义上的消失，也指其应未在亚欧大陆上留下人类后代。人类历史上"消失"的祖先实在太多，留存的人类化石就成了体质人类学用以考察人类进化的重要证据。

体质人类学家通过对人类化石及其他现生灵长类化石的分析与研究，探索人类的起源，了解人类是如何成为与其他动物不同的"文化"的动物。1859年，达尔文的《物种起源》出版，提出以自然选择为基础的进化学说，为体质人类学研究人类起源问题奠定了重要基础。进入20世纪，大量早期人类化石（如直立人、尼安德特人、智人等）和其他高等灵长类化石（如巨猿、南方古猿等）的发现，为人类进化理论提供了直接证据。例如，北京人头盖骨就曾吸引德国体质人类学家魏敦瑞（Franz Weidenreich）远赴中国，与裴文中、杨钟健等诸位中国专家合作研究北京人及其化石群。

体质人类学的研究揭示了人类的早期阶段进化：从猿人经过直立人阶段，演变为智人，再由智人发展为现代人。这是人由低级阶段向高级阶段的演变。在人类演化的漫长历史中，正是因为有化石和其他考古资料作为证据，我们才得以追溯早已归入尘土的人类祖先的踪迹。

（二）皮肤光谱：人体测量

如果你观察过刚出生的婴儿，可能会注意到婴儿臀部上的乌青色斑。

如果你在自己的口腔内做出如下动作：先用舌尖舔一舔上门牙内侧，接着舔一舔下门牙的内侧，感受其凹凸状态。相信你会发现：我们的上门牙内侧是凹进去的，而下门牙内侧则是平整、没有凹陷的。

婴儿臀部的乌青色斑，上、下门牙铲型门齿的不同，此二者都是体质人类学意义上中国人作为蒙古人种有别于其他人种的生理特征和体质特征。

人体测量是体质人类学研究的基本方法。体质人类学家通过测量人群的身高、身体各部分的尺寸以及观察其发色、肤色、眼睛等，研究人类的不同体质特征及其形成与分布规律等。最早根据肤色、发色等体质特征对人类进行分类的是体质人类学之父、德国解剖学家布卢门巴赫（Johann Friedrich Blumenbach），他在《人种的自然起源》（1755）中首次用科学方法将人类划分为五个人种。随着现代科学的发展，体质人类学家逐渐采用更科学、精确的方法，综合考虑血型、遗传因子、免疫系统、体质特征和地域障碍等因素划分人种。

目前，学者对世界人种的分类仍是众说纷纭。不过，根据肤色和发色等体质特征将世界人种划分为蒙古利亚人种（黄种人、亚美人种）、尼格罗人种（黑种人、赤道人种）、欧罗巴人种（白种人、高加索人种）、澳大利亚人种（棕种人）的四分法，以及地理人种划分法，即将世界人种划分为亚洲地理人种、欧洲地理人种、非洲地理人种、美洲印第安地理人种、印度地理人种、澳大利亚地理人种、美拉尼西亚地理人种、密克罗尼西亚地理人种、波利尼西亚地理人种的九分法相对公认度较高。

肤色是人类体质上较为明显的区别特征，但人种的自然特征差异和地理分布并不意味着不同种族在价值上有优劣之分，也不意味着人种的彼此隔离。不同人种间的混杂交往从未停止。种族不仅没有高低之分，人类很大可能还来自同一祖先——"非洲夏娃"。

（三）黑色夏娃：分子生物人类学

你相信亚当和夏娃的故事吗？你是否知道，夏娃可能真的是人类共同的宗族母亲，而她的肤色很可能是黑色的？

随着遗传分析技术的不断进步，线粒体DNA和Y染色体的测序比对已成为今天体质人类学的重要工具。体质人类学家通过比对DNA上的突变频率，研究人类群体间和群体内部不同个体的遗传学关系，追踪现代人的祖先和早期人类的迁移路线。

1987年，美国遗传学家丽贝卡·卡恩（Rebecca L. Cann）和艾伦·威尔逊（Allan C. Wilson）根据对线粒体DNA的分析，提出了一个震惊世界的研究结论：现代人类的线粒体DNA可以追溯到距今20万年前生活在非洲的一位女性身上，这位女性被称为"线粒体夏娃"（Mitochondrial Eve），是"人类共同的母亲"。这一"夏娃理论"推翻了世界各地现代人是从当地古人类进化而来的理论。全球各大媒体纷纷报道这一重大发现，将现代人类的祖先归于这位"非洲夏娃"。之后，分子生物学界的诸多研究也证实了这一结论，人类"走出非洲"的假说在分子生物学的研究中不断被证实。英国牛津大学人类遗传学研究发现，全世界的人口分别繁衍自36个不同的原始女性，她们被称为"宗族母亲"，而这些"宗族母亲"又都是"线粒体夏娃"的后代。

目前，科学家仍在测定提取自早期人类骨骼的DNA序列，并不断分析现代人类的DNA，以持续研究人类的迁移、进化和环境适应性。也许在未来，"人类从哪里来"的问题将会得到更完美的解答。

二、寻找远逝的世界：考古人类学

通过对远古遗迹和遗物的考察，考古人类学研究文化的发生、演化和变迁，探讨人类文化的根源，寻找人类远逝的世界……

（一）盗墓与考古

熟悉盗墓小说的人都知道，古时的盗墓者有"摸金校尉"之称。据传在东汉末年，曹操专设"摸金校尉"等衔发掘古墓、盗取明器以解决军饷问题，造成"汉墓十室九空"的境况。陈琳代袁绍起草的讨曹檄文中提到"操帅将吏士，亲临发掘，破棺裸尸，掠取金宝"，盗得金银财宝数万斤。由此，后代的盗墓者常奉曹操为祖师爷，并自称"摸金校尉"。然而，为了获得金钱利益的盗墓行为不仅违法，更是破坏了考古材料之间的关联，忽视了遗址墓葬与随葬物品的文化价值。盗墓者仅看重金玉之器，对文物本体和历史风貌破坏甚大。"摸金校尉"不仅是文物偷盗者，更是文化和历史的损害者和破坏者。

中国现代考古学家

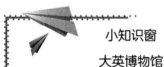

小知识窗

大英博物馆

大英博物馆创立于1753年，是全球最古老、最大的博物馆之一，也是一座多数收藏品来自海外的百科全书式博物馆。

大英博物馆实际创立者汉斯·斯隆（Hans Sloane）曾于1687年前往西印度群岛并带回大量动植物矿物标本。在他逝世后，英国接收了他的收藏品并于1753年通过了大英博物馆法案。随着英殖民帝国的扩张，大量收藏品通过捐赠与收购进入大英博物馆，其藏品规模不断扩大。至今它仍是海外收藏中国近代流失文物最多的博物馆。

郭宝钧先生言："事实至于遗存，推断敬俟卓识。"证史、探源都是考古学家的任务。相比被严重盗挖的大河口西周墓、晋侯墓、秦公大墓等遗迹，2000多年来没有遭到盗掘的汉朝海昏侯墓、随古蜀国一同神秘消失3000多年的三星堆文明遗迹则较完整地留存了人类文明的珍贵线索。

在亚平宁半岛，因维苏威火山喷发而被火山灰淹没的庞贝古城，在遭遇"天灾"毁灭的1700年后又遭"人祸"，盗墓者对庞贝古城遗迹进行了洗劫式的盗掘，偷运走大量石柱、铜像、石雕等古物。直到1860年，考古学家才开始对其进行有组织的科学发掘，经过一系列艰苦、细致的工作，最终复现了庞贝古城的样貌，再现了见证人类文化传统和历史典范的人类居住地。庞贝古城也于1997年被列入世界文化遗产名录。

从三星堆到庞贝古城，考古学承担着通过古代人类活动遗留的实物，研究人类古代社会历史的任务。考古与盗墓根本性质不同，只有对地下的各种遗物与遗迹进行科学的调查发掘，让文物"说话"、以物论史，才能系统、完整地收集科学信息和历史文化信息，揭示关乎人类过往的历史事实和文化事实，为后人了解人类社会的发展历程提供真实的佐证。

（二）博物馆奇妙夜

博物馆中展出考古发掘的各种珍稀文物，为民众提供了人类文明的物质证据。如果博物馆里的文物"活"过来，会带来惊喜还是造成混乱？电影《博物馆奇妙夜》就让这一幕发生在纽约自然历史博物馆。在电影中，"复活"的霸王龙和匈奴王大搞"破坏"，雄狮和猴子自由漫步……

博物馆起源于收藏各类奇珍异宝的行为，而人类学则萌芽于对异文化的记述，二者有着天然的联系。16世纪，在博物馆的前身珍奇柜（Cabinet of Curiosities，也称好奇柜，指收藏奇珍异宝的柜子或房间）中，人类学标本占据很大比重——从珍稀的中国瓷器到独角兽的角、人鱼标本，无奇不有、无所不包。除了收藏和展示如《清明上河图》、后母戊鼎、曾侯乙编钟、马踏飞燕、青铜神树、太阳神鸟金饰、石犀等物质遗产，博物馆在物质文化研究、年代学研究和古代文化研究等方面也承担着重要的学术功能。博物馆文物卡片上看似简短的文字介绍，实际上包含了考古断代、文化阐释等内容。各大博物馆都十分重视自身的学术研究，如原故宫博物院院长单霁翔不仅大力支持开发"火出圈"的故宫文创，还建立了下设多个专题研究所的故宫研究院，为故宫博物院提供学术支撑。

博物馆是人类学"机构上的故乡"（Institutional Homeland），它保存着人类文明的珍宝，也为人类学追寻远逝的世界、想象消失的文明提供物质支撑。

博物馆的奇妙，你体会到了吗?

三、巴别塔废墟下：语言人类学

人物小札

李安宅（1900—1985），我国著名人类学家、民族学家、社会学家、藏学家，人类学华西学派中心人物。

受弗雷泽巫术理论、马林诺夫斯基及文艺理论"新批评"派瑞恰兹的影响，李安宅将语言视为一件有着交感关系的东西，他在1931年发表的《语言的魔力》中将语言分为两类：一是一经说出就达到表情和社交目的的自足语言；二是具有巫术意义，并有神话在背后支撑的咒语。

在西方传说中，创世纪时人类曾讲同一种语言，人们为避免四处分散，便想修建通天的巴别塔。上帝知道后，认为说同一种语言的人以后没有什么做不成的事，于是让人类讲不同的语言，使他们相互之间不能沟通。

在现实中，不同地区的人们使用或同或异、有着复杂系统的语言。在人类学的视野下，语言与文化密切相关。语言人类学正是通过关注不同文化背景下的人类语言，研究语言在不同文化和社会情境中的意义与价值，对人类的言语行为做出人类学的解释。

（一）闹嚷嚷的地球村

据网站"民族语"（Ethnologue）统计，截至2023年2月，全球存在7168种语言。[①]为什么我们生活的世界会有如此多不同的语言？上帝真的把巴别塔"推倒"了吗？

赫尔德（Johann Gottfried Herder）说："当人还是动物的时候，就已经有了语言。"[②]关于语言如何起源的谜题有很多种答案，如语言神授说、自然说、摹声说等。其中，对语言学界影响最大的理论之一是语言学家乔姆斯基（Noam Chomsky）的"普遍语法"理论（Universal Grammar）。乔姆斯基认为，人类语言存在普遍语法，其诞生是因为5万～10万年前单个基因突变使得智人拥有了建构复杂句子的能力。

尽管世界上的语言数量众多，但类型却不多。19世纪欧洲的语言学界曾根据语法结构，将人类语言划分为孤立语、屈折语、黏着语和复综语四种类型。此外，也有学者根据民族起源、语言发展等因素，将世界语言分为汉藏语系、印欧语系、阿尔泰语系、闪—含语系、乌拉尔语系、南亚语系、南岛语系、高加索语系和达罗毗荼语系九大语系。

中国的语言情况也不简单。以成都话为例，它属于汉藏语系—汉语语族—北方方言—西南官话—川黔片—成渝小片。中国境内各民族的语言分属于汉藏、阿尔泰、印欧、南亚、南岛语系5个语系，其中使用人数最多的汉藏语系又分为汉语族、藏缅语族、壮侗语族（又称侗台语族）、苗瑶语族4个语族。汉语与境内的藏语、壮语、傣语、侗语、黎语、彝语、苗语、瑶语等同为亲属语言。

---

① 参考链接：https://www.ethnologue.com/ethnoblog/welcome-26th-edition/。
② 〔德〕J.G.赫尔德：《论语言的起源》，姚小平译，商务印书馆，1998年版，第2页。

现在，你能说出自己的方言属于什么语系吗？

（二）"吃了吗？"：人类学调查中的语言作用

中国人喜欢以"吃了吗？"来问候，英国人喜欢以谈论天气为开场。在人类学调查中，语言承担着交流、记录和理解的功能。比如，从"吃了吗？"的日常交流开始，不仅可以开启与当地人的对话，还有可能引出该地区人们的饮食结构、营养摄入和能量来源等信息，进而延申到该地区的生计模式、交换方式等内容，帮助我们理解社会如何运作、文化如何形成。

假设一位人类学家突然失语，他是否能顺利进行田野调查？如果回到19世纪，在早期人类学家那里获得的答案无疑是肯定的。比如，弗雷泽（James George Frazer）这位"扶手椅上的人类学家"的典型代表，依靠从传教士、旅行者、殖民官员、商人等处收集得来的材料和信息进行研究，写出了皇皇巨著《金枝》。但是，如果在20世纪，尤其是在马林诺夫斯基（Bronislaw Malinowski）之后，如果人类学家失语，那田野调查的可靠性就要打个大大的问号了。

20世纪初，一些人类学家意识到使用当地语言的重要性：弗朗兹·博厄斯（Franz Boas）强调了熟练掌握当地语言对于获得可靠实证材料的作用，萨丕尔也认为语言对于研究一个民族的精神习惯和社会生活非常有必要。然而，直到马林诺夫斯基在特罗布里恩群岛出色地完成田野工作，并将田野工作视为一种独特的研究方法做出系统阐述时，掌握调查对象的语言才正式成为人类学家进行田野调查"成年礼"的必要条件之一。马林诺夫斯基的参与观察法（Participant Observation）要求田野调查者学会调查对象的语言，并用学到的当地语言进行调查研究，而非借助翻译。

如果你梦想成为一位优秀的人类学家，那么学习当地语言会是一个重要的步骤。你准备好了吗？

（三）神奇的"十字"：言说与思想的坐标尺

当你能用当地语言进行对话问答的时候，恭喜你，你找到了一把探索人群思想的"寻龙尺"！语言不仅仅是交流如此简单，还蕴藏着想象力和思维方式。

为什么莎士比亚的"Shall I compare thee to a summer's day？"中，"thee"会变成现今的"you"？这是由于语言的前后接替和历史变化，也是19世纪初历史比较语言学所研究的内容。

为什么"我爱你"可以是英文"I love you"，也可以是韩文"사랑해"（罗马音：sa rang hae）？猫在中文中读作"māo"，在英文中却读作"kæt"（cat的音标）？现代语言学理论的奠基者索绪尔发现了语言能指（如cat的发音）和所指（如cat指"猫"这一对象或意义）的任意性。在"能指/所指"的概念工具下，索绪尔不仅看到了语言的历时性，更看到其共时性。共时性意味着同时并存的语言事实，重视同一时期语言要素之间的关联，强调语言是一个完整的系统。只有在共时系统中，意义才可以被理解。

在索绪尔的影响下，法国人类学家克洛德·列维-斯特劳斯（Claude Levi-Strauss）运用语言学模式研究原始部落中的制度、惯例、习俗、婚姻及信仰等文化现象。他通过二元对立关系来处理文化，比如生食与熟食就反映了"自然—文化""未改变—改变"的二元关系。

文化影响语言，语言反映文化，但可能不止于此。博厄斯的学生萨丕尔曾将语言与走路的性质进行类比：走路是遗传的、生理的、本能的功能，语言则是习得的、文化的、非本能的。萨丕尔与学生沃尔夫联名提出了"萨丕尔—沃尔夫假说"，指出语言的意义范畴与使用这种语言的人们的心智范畴相关，语言结构部分甚至可能全部决定了人们对于世界的看法。

总之，一门语言不仅仅代表着交流和对话的可能性，更是言说与思想的坐标尺。语言人类学正是通过语言这个支点探究不同文化形态的奥秘的。

四、手可摘星辰：文化人类学

文化人类学从文化的角度反观人类自身，回答人类文化何以如群星闪烁般交相辉映、多元璀璨。文化人类学在历史发展中奠定的人类学三大核心理念——文化相对论、文化整体观和跨文化比较观，已成为文化人类学对世界和人类的最大贡献之一。

（一）古老而年轻：文化人类学的历程

文化人类学作为一门年轻的学科，其产生和发展的时间只有一百多年。然而，它的历史却可以追溯到古希腊时期的希罗多德。被誉为西方"历史之父"的希罗多德游历了地中海沿岸，到达过欧、亚、非三洲的许多国家和地区。他在不朽的作品《历史》中记载了许多异民族文化，比如将猫视为神明、为死去的猫哀悼并剃掉自己眉毛的埃及人，将老人杀死并炖其肉食用的玛撒该塔伊人……从希罗多德开始，对异民族文化的文字记录便开始萌芽。

在15至17世纪的大航海时代，开始向世界各地扩散的欧洲人发现了不同于欧洲的人种和文化类型，并将其定义为"野蛮"。到了19世纪中叶，在进化论出现和欧美殖民扩张的背景下，古典进化论学派应运而生，这标志着文化人类学学科的正式诞生。之后出现的传播论学派、历史特殊论学派和法国社会学派等都在探究理解世界各文化之间的相似和差异。在20世纪人类学"经典"时期，马林诺夫斯基开创的功能主义学派将田野调查确立为人类学方法论核心，并确立了科学民族志研究范式，对人类学界产生了长达半个多世纪的深远影响。

然而，"在现场"的"科学性"和民族志写作的"客观性"很可能是虚假的，因为人类学文本的写作离不开修辞的手法、主观的想象、虚构的色彩和寓言的笔法。这开启了20世纪70年代至今仍未停止的人类学自我反思。尽管人类学走入后现代反思，不断拷问田野调查、人类学家和民族志的可靠性，但人类学的核心理念——文化相对论、文化整体观和跨文化比较观——如三道铭文，仍然颠扑不破。

（二）基座上的三道金色铭文：学科核心理念

1. "脏"意味着什么：文化相对论

曾经火爆一时的甜品"脏脏包"因食用时嘴巴和手会沾上浓厚的巧克力酱，让人变"脏"而得名。那么，"脏脏包"是脏的吗？你肯定会否认！可食用的美味甜品怎么能和沾上灰尘或附有螨虫的脏东西相提并论？然而，"脏不脏"这个问题其实没那么容易回答，因为它不仅关乎干净、卫生与否，更与每个文化对"脏"的不同分类有关。

英国人类学家玛丽·道格拉斯（Mary Douglas）在《洁净与危险》中指出：肮脏不仅是一个卫生学问题，还表达了分类体系和象征体系，是更大的整体文化结构的一部分。

鞋子本身不是肮脏的，然而把它放到餐桌上就是肮脏的；食物本身不是污秽的，但是把烹饪器具放在卧室中或者把食物溅到衣服上就是污秽的。……我们的污染行为是一个反应，它声讨任何一种可能混淆或抵触我们所珍视的分类的物体或观念。①

如上所述，我们认为白色球鞋不是脏的，然而把它放在餐桌上就是脏的；我们认为食物本身不是脏的，但是把茄汁等污垢溅到白色衬衣上就是脏了。道格拉斯提醒我们注意，当我们对事物进行系统性地排序、分类后，剩下的难以分类的事物，会被归于污秽。例如，在《圣经·利未记》中，爬行动物由于采用不同于其他陆生生物的行走方式而被归为

———————————

① 〔英〕玛丽·道格拉斯：《洁净与危险》，黄剑波、柳博赟、卢忱译，民族出版社，2008年版，第45页。

可憎的不可食用之物。为了维护既有的分类体系，清除可能混淆我们分类或与分类系统相抵触的事物，才有了"脏"。

人们关于"脏"的观念与社会生活紧密联系，对"脏"的判断反映了不同文化的具体的分类和象征。因此，我们必须将其放在每个社会的文化实践和价值中加以看待。这也是人类学学科核心理念中文化相对论所强调的。文化相对论尊重文化的多样性和相对性，将每一种文化都看作人类的选择，并坚持在面对不同的文化时持有相对的观点，要求从事田野研究的人类学者避免对不同文化语境中存在的生活方式和社会实践做价值判断，被后世学者评价为"人类学给20世纪最重要的思想献礼"。

那么，成都的"苍蝇馆子"到底脏不脏，你有答案了吗？

2. 库拉圈里的"看世界"：文化整体观

"投我以木桃，报之以琼瑶……投我以木李，报之以琼玖"是古雅的中国人以相赠寄情谊的浪漫方式。而在新几内亚岛东南的特罗布里恩群岛上，岛上的土著则进行着"库拉圈"交换。库拉（Kula）是一种贸易交换制度，存在于土著部落内部及部落之间。例如，特罗布里恩群岛人从上游的库拉伙伴那里得到臂镯，再把臂镯交换给处于下游的库拉伙伴，与此同时，项圈则按照相反的方向流动。这样，库拉便联系起附近各个岛屿的土著，形成了"库拉圈"关系网和交换体系。

在库拉圈中，人与人之间有确定的关系，承担着互惠交换的责任，并遵守库拉交换的规则和礼俗，于是发展出一套与库拉相关的文化。注意到这一点的马林诺夫斯基在《西太平洋上的航海者》一书中描写了众多有关库拉的文化图景，如土著制造船只的技术、远航船队启程时的神话和巫术仪式、库拉交换的规则等。这些要素围绕着库拉形成了整体的社会文化体系，展现了特罗布里恩群岛原住民在经济、社会、文化等方面的全面形态。正是从马林诺夫斯基开始，人类学确立了以整体论为原则的"科学民族志"写作范式，要求人类学家整体性地理解文化，将人类及其赖以生存的社会文化当作一个整体来对待，探讨各要素、各层次间的关系及互动形式，并分析在整体运作中具有系统位置和协同功能的文化现象。

在全球化的今天，当我们想到有时需要报备的社区信息、家里大米包装袋上的产地以及电子设备的芯片等零部件的时候，人类社会通过交互活动构成的小到社区、大到全球的整体是不是更加清晰可见了？

3. 从"各美其美"到"美美与共"：跨文化比较观

"各美其美，美人之美，美美与共，天下大同"是中国社会学和人类学奠基人费孝通先生于1990年写下的关于认识和处理不同文明间关系的理想。从"各美其美"表达不同文化对自身文化传统的欣赏，到"美人之美"的文化共存合作的态度，再到"美美与共"这一对世界文化价值的普遍认同及各文化和平发展的共识，费孝通先生在这个跨文化界限的理想探讨中，主张不同文化间的对话、交流及取长补短，以达至"天下大同""和而不同"的世界多元文化格局。

在共时比较和历时比较的维度之中，人类世界呈现出多元文化交织的多彩景象。比如，对于如何面对死亡的问题，处于不同历史阶段和不同地区的人会有不同的回答。获得第81届奥斯卡金像奖最佳外语片奖的日本电影《入殓师》，将死亡主题带到了大众面前；在《好好告别：世界葬礼观察手记》一书中，作为殡葬师的作者凯特琳·道蒂（Caitlin Doughty）见证了世界各地不同的葬礼：科罗拉多州的露天火葬、印尼公共墓室、墨西哥亡灵节、日本琉璃殿骨灰供奉……①

无论是在广阔的历史长河中呈现的文化多元性，还是在如全球化这样共同的历史情境下各有差异的文化，跨文化比较观都秉持着"普遍人性"的启蒙精神。它在尊重文化异质性的同时，认识文化差异和共性，为文化之"美美与共"寻求更多的途径和可能。

---

① 〔美〕凯特琳·道蒂：《好好告别：世界葬礼观察手记》，崔倩倩译，中国友谊出版公司，2022年版。

✧ **本章小结**

人是由文化养成的。人类学从这一特殊性出发，为"如何理解人"这个问题提出了学科元方法和思考维度，并发展出体质人类学、考古人类学、语言人类学和文化人类学四大分支学科，分别对人类体质特征、历史演变、语言和文化做出了人类学的探索和解答。在文化多元开放的现代社会，保持文化相对论的开放心态、秉持文化整体观与"美美与共"的跨文化比较视野对于我们读懂文化、理解人类具有重要意义。

✧ **关键词**

考古人类学　体质人类学　语言人类学　文化人类学　文化相对论
文化整体观　跨文化比较观

✧ **思考**

1. 人类文化有普遍法则吗？

2. 人类学这门学科在当今社会有什么用处？

3. 结合你自己的生活经历，举例说明什么是文化。

✧ **拓展读物**

1.〔澳〕林恩·休谟，简·穆拉克：《人类学家在田野：参与观察中的案例分析》（版本不限）

2.〔日〕中根千枝：《未开的脸与文明的脸》（版本不限）

3.〔挪威〕弗雷德里克·巴特等：《人类学的四大传统：英国、德国、法国和美国的人类学》（版本不限）

第二章

天下之大，文以化之：文化是什么？

小知识窗

我一向觉得人类学是一门很有意思的学问。其实我也不很理解人类学是门什么学问。

我的看法是，它就是一门从猴子的角度观察人类的学问。比如，作为一个人，对面有个人打着领带朝你走过来，你不会有什么奇怪。但是，作为一个猴子，你看见好好一个人，脖子上绑一根绳子，绳子垂在胸前，神情肃穆地朝你走来，你肯定会觉得人类真是一种充满幽默感的动物。你会想，人类为了装正经，连脖子上绑一根绳子这种事情都想得出来，还染成各种颜色和花纹，真是有两把刷子。

但问题是你不是猴子，所以你得理解那根绳子上所飘荡的意义。

——刘瑜：《送你一颗子弹》，上海三联书店，2010年版

学者刘瑜在这段话中提到的"那根绳子上所飘荡的意义"就是文化。一般情况下，我们大多数人都不会去思考社会中那些与其他人共享的社会习俗与观念，如戴领带，而是认为这是自然而然的事情，甚至根

本就不会意识到它，就像鱼在水中游却意识不到水。只有当我们接触到其他社群并发现其具有不同的风俗习惯、情感、观念时，才会意识到我们的文化是独特的。假如我们以猴子的角度来思考，才会发现戴领带是一种文化行为，其中蕴含某种礼仪的、美学的文化观念。我们不是猴子，所以我们需要理解"那根绳子上所飘荡的意义"，即理解文化。这就是这一讲要完成的工作。

尽管"文化"这一概念自被提出以来便成为人类学乃至人文社会科学领域最常被使用的概念之一，但其至今仍处于重重迷雾之中——"文化"的概念是如何在历史中发展起来的？可否给"文化"下一个明确的定义？文化有没有高低之分？究竟什么是文化，什么不是文化？在厘清概念的基础上，我们需要看到过去两百年间，以研究文化为志业的人类学家如何构建出一套套精致的分析框架，以解释丰富的文化现象。站在巨人的肩膀上，我们可以剖析已有方法的优点和不足之处，学习人类学家的逻辑推演，同时避免以不当态度研究文化，从而更好地观察文化、思考文化、阐释文化。

第一节　那些猴子不能理解的事情："文化"的概念史

本节将回到"文化"出现的源头，展示这一概念在西方与东方流变的历史，以及它如何进入人类学的视野成为重要的学科概念，并在不断的争论中呈现出新的面貌。

一、变动的西方"文化"概念

（一）拉丁文词源：耕耘

"culture"一词源自拉丁文中的"colo""colere""colui"等词，意为栽培、培养、驯养、耕种等，概括来说就是通过人工劳动，对自然界的野生动植物加以驯化和培养，使之成为符合人类需求的品种。可见在西方的语境中，"culture"源于自然，又区别于自然，关键在于人的因素在其中发挥作用。"culture"的古典意义正暗示着与自然区分开来的人类生活行为。

之后，"culture"一词的含义也在不断发展，其不仅仅指对野生动植物的驯化，也引申到对人类自身的教化与培养。尽管这一概念在具体的使用中发生了变化，但始终强调人类及其活动的重要性。

（二）首个人类学意义上的"文化"概念

在18世纪初的某一天，古斯塔夫·克莱姆（Gustav Klemm）像往常一样去图书馆上班。虽然只是一名普通馆员，但他攻读过历史和哲学专业，并热衷于系统地收集世界各地的物品。克莱姆的桌子上堆了厚厚一沓旅游报告，其中记录了各种异域见闻，这正是他所喜欢的事物。

当时，欧洲知识界被一种极富分化意味的文化观念所笼罩，即欧洲人是"有文化的"，具有心智、德性、文明，而遥远地区的"野蛮人"则是"没有文化的"，是心智未开化的、邪恶的、野蛮的。克莱姆希望消除这种偏见，因此便从主流研究中挣脱出来，转向更广泛、更具比较性的主题，看到了整个世界的文化多样性。他的著作《人类文化通史》对"文化"一词的使用超越了文化的价值等级论，将非欧洲民族也纳入人类文化的大家庭中。如此，"有文化的"人与"没有文化的"人之间的鸿沟消失了，人类之中的每一个人都是"文化人"。

（三）最具影响力的"文化"定义

当你打开网页，想搜索一下"什么是文化"的时候，你很有可能看到下面这段话：

文化，或文明，就其广泛的民族学意义来说，是包括全部的知识、信仰、艺术、道德、法律、风俗以及作为社会成员的人所掌握和接受的任何其他的才能和习惯的复合体。①

---

① 〔英〕爱德华·泰勒：《原始文化：神话、哲学、宗教、语言、艺术和习俗发展之研究》，连树声译，广西师范大学出版社，2005年版，第1页。

这是大名鼎鼎的、被公认为英国人类学创始人的爱德华·泰勒（Edward Tylor）教授在他的著作《原始文化》开篇写下的几行字。这一定义被大多数人类学家所采纳，成为最具影响力的"文化"定义。泰勒提供了组成文化的一系列清单，并强调文化是身处社会中的人在与他人的互动中生成与习得的。

为什么这个"文化"的定义如此著名和不朽呢？这要回到西方的语境中。自古希腊时代起，主导西方思想的就是基于生物学基础的种族主义——一个人的好坏是由他是什么人种决定的，但泰勒超越了这一普遍的论调。通过定义文化，他创立了人类学这一门研究人类的学科，即以研究人类文化的方式来研究人类。

尽管泰勒以中性的方式界定文化，但仍然保留了轻蔑的意味，根据科学理性进展来追溯判断社会进步的阶段。他认为文化以进步为特征，原始文化步入现代文化的趋势就是从野蛮走向了文明。这也成为人类学后辈们批判泰勒的重要靶子。

二、中国人怎么理解"文化"

在中国，文化这一概念并不是舶来品，而是深深植根于传统的土壤之中。不过在古代，"文"和"化"两个汉字是分开使用的，经过很长时间才合流。

（一）从花纹到宇宙万物的表征

在先秦的文献中，我们经常可以看到"文"字。它的本义是色彩交错的图形，最初指身上的花纹文身，如《左传·隐公》记载："仲子生而有文在其手。"

这之后，"文"字又不断衍化出其他含义，如语言文字、文物典籍、礼乐制度等。"文"不仅指外在，也指内在，如"质胜文则野，文胜质则史。文质彬彬，然后君子"中的"文"就指人的真、善、美。事实上，人对宇宙万物的感觉表征和人的本质抽象表征都可以用"文"字来表达。

小知识窗

《周易·系辞下》："物相杂，故曰文。"

《说文解字》："文，错画也，象交文。"

《尚书·序》："伏羲氏之王天下也，始画八卦，造书契以代结绳之政，由是文籍生焉。"

《论语·子罕》："文王既没，文不在兹乎！天之将丧斯文也。"

（二）"一正一倒的两个人"

是"化"字在商代金文中的字形，由一正一倒的两个人组成，表示从一种状态转为另一种状态，即变化的意思。后来，"化"的字形演化并没有太大改变，这也体现出我国古代造字者深厚的理解力与巧妙的造字功力。

"化"在许多典籍中均有出现。《礼记·乐记》载："和，故百物皆化。"《周易·系辞下》载："男女构精，万物化生。"天地万物都处于不断变化之中，生生不息。这就是"化"的含义——变易、生成、造化。

（三）"文化"的最早组合

"文"和"化"二字的初次相遇在战国末年。《周易·贲卦·象辞》载："观乎天文，以察时变；观乎人文，以化成天下。"可见当时已经产生了"以文教化"的思想。

西汉之后，"文"和"化"二字终于结合在一起，孕育出"文化"的概念。刘向所著《说苑·指武》载："凡武之兴，为不服也。文化不改，然后加诛。"其中"文化"与"武"相对，告诉人们要重视"文治"与"教化"，其无效时再使用"武治"。

当然，中国的"文化"概念也随着历史长河的流动而不断丰富着内涵。最为重要的是，它与之前提到的西方语境中的"文化"概念大相径庭。但即使二者多有不同，我们仍然能够找到其中的共通点：其一，文是一种表征符号；其二，文化对人成为社会的人有一个启蒙、浸润和改变的作用。

大家可以再思考一下，中西的"文化"概念还有没有相通之处呢？

（四）"出口转内销"

"文化"一词经历过一段奇妙的旅程。西方的"culture"一词首先传到了日本，日本人曾苦苦思索应该如何翻译"culture"，最终他们想到从古汉语中借来"文化"一词，其可通融并意译"culture"。之后，日语词"文化"又重返汉语世界，成为我们现在所说的"文化"。

在这段"出口转内销"的奇幻漂流中，"文化"一词的意义也在不断地发生改变。但不可否认的是，现在我们理解的"文化"不能简单地与古汉语中"文化"的意义相等同，其实际上间接受到了百余年来人类学的影响。观察中西方"文化"概念的互鉴，有益于我们从整体上更好地认识与研究"文化"。

三、文化人类学的"命根"

（一）关于文化概念的争论

文化的概念是什么？

人类学是通过研究人的文化来研究人的，因此对文化概念的界定就尤为重要。爱德华·泰勒的定义虽然经典，但并非绝对真理。我们仔细剖析可以发现，泰勒是通过描述社会生活的各方面来定义文化的。这被人类学的后起之秀批评为一种"大杂烩"式的定义。

现在许多人类学家认为，文化不是可见的行为，而是行为背后的规

小知识窗

20世纪末，美国人类学家恩伯夫妇（Carol R. Ember & Melvin Ember）总结道："文化指生活中不胜枚举的方方面面。对大多数人类学家而言，文化囊括了习得的，使一个特定社会或民族具有特征的行为、信仰、态度、价值观念以及理念。"

则或观念。因此，一个被普遍接受的现代文化的定义是：文化是一系列规则或标准，当社会成员按其行动时，所产生的行动属于社会成员认为合适和可以接受的范畴。

那么，文化到底是人类行为的产物，还是行为所反映的价值观念或信仰呢？同时，一个新的谜题也出现了：文化形成后是否具有自己的"生命"，还是会随着创造它的人群消失而消失？这些关于文化概念的争论至今仍在继续。

（二）知识权威化

《韦氏新国际英语词典》（*Webster's New International Dictionary*，以下简称《韦氏词典》）被誉为美国最受信任的词典之一。就像我们在不确定一个字的意思时会查阅《新华字典》，20世纪初的西方人也视《韦氏词典》为权威。1919年，《韦氏词典》扩充了"culture"一词的定义，这标示着人类学意义上的"文化"首次出现在英语词典中。下面是《韦氏词典》对"文化"的新定义：

文明进步的特定状态或阶段；一个民族或社会的富有特色的成就：如希腊文化、原始文化……①

---

① 译自：John P. Bethel et al, *Webster's New International Dictionary*, London: G. Bell And Sons Ltd, 1919, p.202.

这种说法受到泰勒进化论的深刻影响，但非常笼统，显得不那么"现代"。然而，相比于"文化"如何被描述，人类学对"文化"的认识被收入权威词典这一"登堂入室"的过程可能更具意义。

（三）勉强的总结

克鲁伯（Alfred Louis Kroeber）和克拉克洪（Clyde Kluckhohn）是两位勤奋的美国人类学家。为了追寻"文化是什么"的答案，他们做过一项"疯狂"的工作。他们收集了1871年到1951年的160多种有价值的"文化"定义并对其进行归类，试图找到其中的趋同与分歧，从而启发对文化的新定义。

克鲁伯和克拉克洪总结出六大定义类型，包括描述式、历时式、规范式、心理学式、结构式和发生式。在对纷繁的定义进行仔细检视与评论之后，他们提出了自己的总结性定义：

> 文化是外显的和内隐的行为模式和价值观念及其在人工制品中的体现，它通过象征来获取和传递，并构成各人类群体的独特成就。[①]

与之前列举和描绘文化内容构成的方式不一样，两位学者从现实物象出发，深入探究人们头脑中的抽象价值观念和人们行为中的模式结构，认为文化是习得的、共享的、模式化和有意义的。这可以看作对过往"文化"定义的一个勉强的总结，同时也是激活新讨论的一个比较优秀的界定。

（四）"文化"概念过时了吗？

20世纪的人类学家为了"文化"的概念吵个不停，但他们之间仍然

---

① 译自：Clyde Kluckhohn et al, *Culture：A Critical Review of Concepts and Definitions*，New York：Vintage Books，1952，p.185.

存在一个潜在的共识：一个社会文化系统是由一群人、一个社会和一个文化组成的，不同的文化之间可以相互区别。

然而，随着全球化和现代化的发展，人类学家对文化的乐观态度逐渐消失了。世界成了"地球村"，人们的流动越来越频繁，哪怕再偏远的原始部落也不能独善其身。那种和谐、整体式、留待我们去发现的文化成了空中楼阁。难怪美国著名社会心理学爱伯纳德·韦纳（Bernard Weiner）会感叹：过去对文化的各种定义，以及把文化当作一种宏大、总揽式的综合体，对人类学的未来发展来说并不是一个好兆头。

那么，"文化"的概念过时了吗？其实并没有。人类学家积极地赋予"文化"以新的活力，他们主张一种在互动中生成与变动的"文化"概念。一方面，我们每个人类个体都在通过行动不断实践文化；另一方面，世界各地越来越紧密地联系在一起，文化变得"你中有我，我中有你"。致力于在全球范围内理解不同的人的人类学，将会蓬勃发展，"乘骐骥以驰骋兮"！

第二节　文化是什么，不是什么？

运用"文化"这一概念有许多难点，其中最令人困惑的是，随着历史发展，"文化"好像变得无所不包，只要与人类相关的事物都可以被视为"文化"。但当一个概念宽泛到没有边界时，它也就失去了生命力。因此，人类学的洞见在于不仅意识到纷繁复杂的文化的存在，而且能够通过不同的方法明确地把握这一研究对象。

一、如果哈维兰来谈文化

根据哈维兰的观点，文化具有以下7个特征：①文化是共享的：文化的存在建立在特定人群的共同认可之上；②文化是习得的：社会成员通过文化濡化的过程学习社会行为的规范；③文化是有制约性的：群体的文化对个人行为有制约作用；④文化是整合的：文化的各方面作为整体发挥作用；⑤文化是以象征符号为基础的：语言、文字、图像、仪式等都是文化传播的媒介；⑥文化是适应性的：文化使人类能够在各种环境中生存和发展；⑦文化是变迁的：文化会随着时间的推移而改变。

你可以尝试结合这7个特征来谈一谈任何一种你感兴趣的文化。

人物小札

威廉·A.哈维兰（William A. Haviland）是美国著名人类学家，创建了佛蒙特大学的人类学系并执教三十余年之久。他编写了《文化人类学》（*Culture Anthropology*）等多本经典教科书，为专业内外的许多听众进行演讲。

二、打好知性认识的基础：文化分类

（一）按照内容分类

文化与我们的生活密不可分，但文化对于研究者来说也是看不见、摸不着的，非常难以把握。因此，在对文化进行具体的研究时，人类学家往往会根据内容对文化进行分类，以便更好地进行分析。这些分类包括：①二分法：物质文化和非物质文化；②三层次说：物质、制度和精神；③四层次说：物质、制度、风俗习惯、思想与价值；④六大系统说：物质、社会关系、精神、艺术、语言符号以及风俗习惯。

（二）按照阶层性分类

1. 芮德菲尔德分类：精英文化大传统与民间文化小传统

美国人类学家罗伯特·芮德菲尔德（Robert Redfield）在他的《农民社会与文化》一书中提出了"大传统"和"小传统"之分。他是这么说的：

在一个文明中，存在着一个具有思考性的少数人的大传统和一般而言不属思考型的多数人的小传统。大传统存在于学校或教堂的有教养的人中，而小传统是处于其外的，存在于不用书写文字的乡村社区生活中。①

我们很容易发现，芮德菲尔德把文化按照阶层性划分为"精英文化"和"民间文化"。前者对应大传统，是掌握书写的文化传统；后者对应小传统，是只能通过口传方式传承的文化传统。小传统往往被动地受到大传统的影响，而其对大传统的影响则微乎其微。

在中国，古代的先贤哲人也留意到这种文化间的区分，并试图加强大小传统之间的联系。例如，孔子云："先进于礼乐，野人也；后进于礼乐，君子也。如用之，则吾从先进。"这体现出古代中国的乡野平民也能接触礼乐知识，而且孔子更倾向于让这些人走上仕途。此外，"礼失求诸野"的说法，也体现出"精英文化"会渗透"民间文化"，并在其中得以长久留存。

---

① 〔美〕罗伯特·芮德菲尔德：《农民社会与文化：人类学对文明的一种诠释》，王莹译，中国社会科学出版社，2013年版，第95页。

2. 叶舒宪颠覆大小传统说

当大多数人用芮德菲尔德的大小传统说来解释中国的文化现象时，上海交通大学的叶舒宪教授和这股学术潮流保持了距离。他认为，从中国文化源远流长的实际情况出发，我们需要扭转对大小传统的看法。他提出：

人物小札

叶舒宪，上海交通大学首批人文社科资深教授，兼任中国比较文学学会会长。出版学术著作50余部，主编"中国文化的人类学破译""文学人类学论丛""神话历史丛书"等系列著作多部。数十年致力于跨学科研究及理论方法探索，提出关于中华文明探源与华夏精神的全新理论命题，诸如神话中国、文化大小传统、四重证据、神话历史、N级编码、文化文本等。

按照符号学的分类指标来重新审视文化传统，把由汉字编码的文化传统叫做小传统，将前文字时代的文化传统视为大传统。[①]

古人说："人生识字糊涂始。"学者们赋予文字以至高无上的地位，殊不知自己也在无形中受到了文字的掣肘，难以跳脱出文字来看待世界。生活在无文字的大传统中，人们"情动于中而形于言，言之不足故嗟叹之，嗟叹之不足故永歌之，永歌之不足，不知手之舞之，足之蹈之也"。在口头的兴叹与身体的展演之中，他们将情感和想象融入器物，如三星堆的青铜器。"滚滚长江东逝水"，如果我们把时间尺度拉长，去看中国上下五千年的文明史，可以发现史前的无文字文化，如神话、信仰等，孕育了后来有文字的精英文化。

概言之，民间的大传统滋养了精英的小传统。叶舒宪教授突破文字

---

① 叶舒宪：《探寻中国文化的大传统——四重证据法与人文创新》，《社会科学家》2011年第11期。

精英主义的桎梏，面对更广泛纵深的文化现象，追溯华夏文明的起源，从而更新了文化观。

（三）按照层次分类

你是不是一个狂热的滑板爱好者，喜欢和其他小伙伴一起"陆冲"？你是否喜欢动漫、网文、桌游等娱乐项目，喜欢蒸汽朋克、赛博朋克等风格，喜欢穿JK制服、洛丽塔装等服饰？如果你的回答是肯定的，那你就是在实践着"亚文化"。

根据不同的层次，我们可以将文化简单地分为主流文化和亚文化。当社会中的某一群体形成了一种区别于占主导地位的文化的特征，具有了其他群体所不具备的文化要素的生活方式时，这种群体文化便被称为"亚文化"。可见亚文化是与主流文化相区别的，并且为一个群体所共享。我们平时所说的"COS圈""机甲圈"等就是亚文化群体。亚文化涉及多元文化社会（Pluralistic Societies），在信息交流日益发达、结构日益复杂的社会，各种各样的亚文化自然会不断涌现，亚文化与主流文化也在并存发展。

按照不同的分类标准，亚文化可以分为以下类型：①人种的亚文化：黄种人的亚文化、白种人的亚文化、黑种人的亚文化；②年龄的亚文化：青少年亚文化、老年亚文化；③生态学的亚文化：城市亚文化、郊区亚文化和乡村亚文化；等等。

大家可以思考一下身边的亚文化有哪些，其特征、形成原因和功能作用是什么？

三、让我们反向思考：什么不属于文化？

（一）文化不同于文明

当我们看到宏伟的金字塔和狮身人面像时，会感叹于埃及文明的壮举；当我们看到穿梭云间的万里长城时，会感叹于中华文明的成就无与伦比。在这里，我们倾向于使用"文明"一词来描述这些成就。提到文明，我们还会想到摩天大楼、整洁的校园、公共场所等，当然也包括生活中需要遵守的现代礼仪与秩序。

在人类学中，"文明"指的是由集约化食物生产维持的复杂社会，其围绕提供管理、商业、艺术和宗教领导的大都市中心组织而成。在该概念中，采用采集狩猎经济模式的社会，不是"文明"社会；没有形成都市的游牧社会，也不是"文明"社会。

相信你已经能体会到文化与文明的不同。根据前面提到的"六大系统"，文化可以分为物质、社会关系、精神、艺术、语言符号、风俗习惯，它强调的是多层次的群体的外在表现与内在观念，而不是整体地指某一个社会实体。可以说，文明是骨架，文化是血肉。

（二）文化不同于社会

德国教授尼尔斯·韦贝尔的著作《蚂蚁社会》曾引起热议。这本书的核心命题正是"人类社会像动物社会"这一贯穿历史的隐喻。我们就像蚂蚁一样，组成蚁群，各司其职，从而推动社会的运转。但是，蚂蚁社会能够产生蚂蚁文化吗？至少目前还没有研究给出肯定的回答。所以克鲁伯在文化和社会之间划出了清晰的界限，他认为只要有群体生活就会有社会，但是文化是由习得并共享的习俗与信仰元素构成的。我们可以进一步理解为：社会强调的是结构功能的一面，包括一个社会由哪些

"成分"组成，以及整个社会得以持续运转的社会规律与法则；文化强调的则是意义的一面，主要指人们的情感、思想、价值观等。

但是，我们是不是能简单地将其总结为社会是硬件，文化是附着其上的软件呢？这显然是一种错误的推论。文化虽然不同于社会，但是文化和社会又是密不可分的。一方面，文化是在社会运转的过程中生成的；另一方面，任何社会，都是文化原则影响或者说文化情感凝聚的结果。所以正确的理解应该是，社会是由生物与环境形成的关系总和，社会通过其成员之间的互动，创造、共享并延续了一种文化。

（三）文化不仅仅是饮食习俗、音乐传统和多彩服饰

在日常生活中，我们时常会结交到来自各地的新朋友。在人际交往的过程中，我们最容易察觉到的特征是家乡饮食习俗的不同，比如许多四川人"无辣不欢"，而江浙沪地区的朋友第一次吃火锅时可能会十分不习惯。我们也有机会看到多彩的民族服饰，比如藏族的"曲巴"，彝族的"察尔瓦"等；听到动人心弦的音乐，不仅有流行歌曲、说唱歌曲，也有蒙古族的呼麦、苏州的评弹等。

但是，文化不仅仅是这些具有明显表现形式的事象，还包括日常生活中许多司空见惯的事物。夏多布里昂在《意大利之旅》中写道：

> 每一个人，身上都拖带着一个世界，由他所见过、爱过的一切所组成的世界，即使他看起来是在另外一个不同的世界里旅行、生活，他仍然不停地回到他身上所拖带着的那个世界去。①

---

① 转引自〔法〕克洛德·列维—斯特劳斯：《忧郁的热带》，王志明译，中国人民大学出版社，2009年版，第39页。

第三节　像人类学家一样思考文化

知晓"文化"的概念，并不意味着成为人类学家。无论是坐在扶手椅上，抑或深入田野之中，人类学家的过人之处就在于通过对文化事实抽丝剥茧，最终发现人类文化的重要规律。尽管在这一过程中，不少人类学家走了弯路，但他们研究文化的思路值得我们不断学习与反思。

一、"人类学是达尔文的孩子"

（一）"达尔文的孩子"

让我们来比较下面的两段话：

达尔文：自然选择即适者生存，不一定包含进步性的发展。[①]
斯宾塞：从低级的社会生活向高级发展时，除了经历一连串细小的连续改变，也没有其他路可走。[②]

达尔文的《物种起源》影响深远，但很多人都误解了他的核心思想。达尔文坚持生物会从一种形式演变为另一种，但这种演变并不一定是"进化"——"进化"是带有强烈的价值色彩的。然而很可惜，襁褓

① 〔英〕达尔文：《物种起源》，李贤标等编译，北京出版社，2007年版，第47页。
② 〔英〕赫伯特·斯宾塞：《社会学研究》，张宏晖等译，华夏出版社，2001年版，第363页。

之中的人类学追随的是斯宾塞的道路，其将"物竞天择"的假设生搬硬套到人类社会中，而且视"进化"为核心。所以，人类学在发展初期走上了"社会达尔文主义"（Social Darwinism），并催生了文化进化论学派。该学派的主要观点是人类的文化如同自然生物，尊崇自然的规律，沿着低级到高级的路径发展。

这一观点成立的前提是文化进化论学派对人性普同的假设。他们认为文化发展的根本原因就在于人类的3个"一致"：其一，人类追求进步的心智和本质一致；其二，社会文化进化的路线和阶段一致；其三，社会文化与自然界的发展规律一致。

（二）"坐在扶手椅上的人类学家"

当我们提到人类学家，浮现在眼前的往往是一个踩着高筒皮靴、背着硕大背包、戴着牛仔帽在原始森林之中穿梭的探险家形象。但是在维多利亚时代，许多人类学家并没有走出他们的"舒适圈"去进行田野调查，那一间小小的书房就是他们所有思想的迸发之地，因而他们又被称为"坐在扶手椅上的人类学家"。他们往往具有统摄人类社会的宏大视野，但相对缺乏对不同地方的人的生活的真切感知，其中以泰勒最为出名。

泰勒通过仔细研读传教士的记述、探险家的航海日志、古代的文本和民族志报告，来寻找和比较人类文化的相似之处。在"人类的历史是以进步为特征"这一信念的驱使下，他发明了"遗留物"（survival）这一概念，即一些仪式、习俗、观点等，它们可能是新文化由之进化而来的古老文化的证据，并且反映了人类社会逐渐步入高级阶段的过程。基于此，泰勒将人类文化分为蒙昧、野蛮和文明三阶段，任何人类社会都经由这三个阶段而从低级阶段向高级阶段迈进。划分阶段的主要标准是：有没有工业，各工业部门发展的程度是高还是低，特别是金属加工制造、工具和器皿的制造、农业、建筑业等发展的程度是高还是低，科学知识的普及，道德基础的确定性，宗教和仪式的状况，社会和政治组织的复杂性等。①但其中仍有理论漏洞，不同民族在某些文化门类上发展不平衡的情况应如何来判断呢？比如，中国人在金和象牙工艺品制作上的水平超过了英国人，因此可以说明中国人比英国人更文明吗？

与之相关的是泰勒的另一项伟大贡献——"万物有灵论"（Animism）。在泰勒看来，万物有灵论是对一种"信仰精神实存"的宗教的极简定义。他认为一切宗教信仰都源自最初将生命、灵魂或精神赋予无生命的物体。依照这一理论，人类文明从万物有灵论出发，经过多神论，发展为一神论，继而发展到科学的最高阶段，由此从一种自然状态上升为一种现代技术文明。

（三）印第安人的养子

1846年，28岁的路易斯·亨利·摩尔根（Lewis Henry Morgan）被一个易洛魁（Iroquois）联盟塞内卡（Seneca）部落的鹰氏族接纳为氏族成员，由此与印第安人结下了不解之缘。此后，他从易洛魁的亲属制度出发，开启了全球范围内关于亲属称谓的调查，并根据是否区分直系亲属和旁系亲属，将所有亲属称谓分为说明式和类分式。后者不区分直系与旁系，"我"的父亲、母亲和"我"的叔伯、姑母可能共享一种称呼，摩尔根认为这来自一夫多妻、一妻多夫、群婚或是乱婚的社会。所以他写道：

这两类划分几乎正好与文明和未开化民族之间的界线一致。②

从亲属制度出发，摩尔根最终酝酿出了他的"文化进化论"。在其著作《古代社会》的开篇，摩尔根开门见山地提出：

① 〔英〕爱德华·泰勒：《原始文化》，连树声译，广西师范大学出版社，2005年版，第18页。
② Lewis Henry Morgan，*Systems of Comsanguinity and Affinity of the Humun Family*. Washington：Smithsonian Institution，1871，p.469.

人类系由阶梯的底层开始其生活的进程，借实验知识的徐徐的累积，从野蛮状态而上达于文明之城。①

摩尔根的文化进化论相比泰勒更加成熟，分三大阶段七小阶段，即"野蛮—开化—文明"，其中前两者又分为低级、中级和高级。他从亲属制度得到启发，但这一理论是基于人类的四项文化成就：发明和发现、政府的观念、家庭的组织、财产的观念。以物质技术的发展为首要，摩尔根配套地解释了权力制度、婚姻制度和财产制度的发展，最终标定了整个人类社会进步的序列。

（四）马克思和恩格斯的赞扬

1877年《古代社会》出版之际，与摩尔根同龄的马克思已身体抱恙。但是，他仍然坚持阅读摘抄此书，不时激动地表示：要在摩尔根的基础上写一部人类社会发展史。造化弄人，一代伟人于1883年陨落。此后恩格斯怀揣着好友生前的理想写就了《家庭、私有制和国家的起源》，全篇表现出对摩尔根理论的借鉴与赞扬。马克思和恩格斯的赞扬深刻地影响了世界，奠定了摩尔根及其理论的地位。

岁序周转，文化进化论的结局是惨烈的。它首先遭到了美国人类学之父弗朗兹·博厄斯的猛烈批判；后来其尽管在20世纪中期被怀特、斯图亚特等人以新的形式复兴，但最终在潮水般的批评之中销声匿迹。其后的人类学坚定了"文化相对主义"的核心观照，强调要根据各民族自身的条件来理解他们的文化，而不是以西方的标准将人类社会与文化置于进化的链条之上。

尽管文化进化论已经被"淘汰"，但是这一学术遗产应该得到公正的评判。文化进化论学派的意义在于坚持了自然与社会一致的世界统一

① 〔美〕路易斯·亨利·摩尔根：《古代社会》（第1册），杨东蓴等译，商务印书馆，1971年版，第2页。

观，以及自然科学方法适用于人类社会文化研究的科学统一观，为人权对抗神权提供了依据。同时，尽管这一学派的方法论存在逻辑漏洞，但是他们的基本结论，如人性普同、制度进化、技术积累、社会变迁等依然泽被后世。

二、妨碍文化研究的态度

（一）民族中心主义

早在马可·波罗之前，就有两位西方传教士抵达当时的蒙古帝国。意大利传教士柏朗嘉宾和法国方济各会教士鲁布鲁克分别留下了《柏朗嘉宾蒙古行纪》和《鲁布鲁克东行纪》，成为宝贵的中西方交流史文献。但是当我们翻开文本，看到的却多是两位传教士对蒙古人的恐惧心理和论其野蛮的刻板印象。比如：

一支可憎的撒旦人，也就是无数的鞑靼

小阅读

在每人每天必须举行的洁身仪式中，包括一项口腔仪式。尽管这些人对口腔真可谓一丝不苟地关怀……该仪式的过程是先把一小束猪毛与一些魔粉一起塞进嘴里，然后摆动这束毛，其一系列动作异常规范。除这种个人口腔仪式以外，人们每年还得去找一位圣嘴先生一至二次。这些圣嘴先生有一套让人深刻印象的随身工具，包括各式各样的钻孔器、锥子、探针和竹签。这些东西被用来驱除口中的邪魔。在这个过程中，圣嘴先生对受术者施以令人难以置信的折磨。

——迈纳《加里美亚人的身体仪式》

人马，从他们的群山环绕的家乡杀出，穿过（高加索的）坚硬山岩，像魔鬼一样涌出地狱，因此他们被恰当地称作地狱的人……因为他们残酷不仁，与其说是人，还不如说是怪物。嗜饮鲜血，撕裂、吞噬人肉狗肉……他们没有人类的律法，不知安乐，比狮熊更凶猛。①

"撒旦""魔鬼""地狱的人""怪物"……这就是他们对蒙古人形象的塑造。尽管他们亲身到访，但是西方对东方"他者"的想象仍然在其脑海中挥之不去。西方人认为只有自身处于文明的顶端，而他者都是原始、野蛮的。这正是一种民族中心主义的体现。

所谓民族中心主义，就是在自身的文化背景下评判其他社会的习俗和观念的傲慢态度。这极大地妨碍了不同人类文化的互相理解。正确的做法应该是，在理解某个特定社会的行为时，人类学家一定要弄清楚那个社会的人们对他们自己如此这般的行为到底有什么看法，即为什么要这样做。

（二）美化

摒除民族中心主义的同时，我们要切忌走向民族中心主义的极端对立面：对其他社会的习俗和观念加以美化。

以对昆人的评价为例，其又称芎瓦西人，生活在非洲南部喀拉哈里沙漠（Kalahari desert）边缘博茨瓦纳的偏僻角落，是当今世界上为数不多的以狩猎采集为生的人类。美国人类学家马歇尔·萨林斯（Maishall Sahlins）在《石器时代经济学》中称昆人社会为"原始丰裕社会"。崇尚平等主义的他们重视分享，靠年轻劳力的觅食过着衣食无忧的生活。但是他们的一辈子除了活着，几乎没有其他娱乐的方式，所以昆人的生活对许多现代工业社会的人来说不会有什么吸引力。我们不能过度地浪

① 耿昇，何高济：《柏朗嘉宾蒙古行纪 鲁布鲁克东行纪》，中华书局，2002年版，第162页。

漫化"他者"。

还有另一种理想主义的美化方式，就是把部落的文化看作没有受到外来文化侵蚀的桃花源，想着要原汁原味地保护它们的文化。首先，这几乎是不可能的，在全球化的背景下，这样的"桃花源"已经无处寻觅。其次，我们要尊重部落中的个体追寻人生幸福的想法。他们在接触到外来文化后，也会发现其中可以改善他们生活的部分。我们没有权力要求他们只能活在传统之中，也不能扼杀他们对新文化的向往。

（三）"文化相对"是不是"不应评价"或"什么都行"

博厄斯在反对文化进化论时，提出了"历史特殊论"，即每个民族都有其自身的特殊历史，应根据每个民族自身的特点来研究文化。文化现象非常复杂，而越是复杂，它们的规律就越具有特殊性。因此，历史特殊论提倡一种"语境中的文化"。与之相联系的文化相对主义，正是人类学家研究文化的出发点。我们不能戴着有色眼镜去看待他者的文化，而要承认每一种人类文化都有其特殊的价值。

但是，文化相对主义是否意味着不应该评价我们自己或另一个社会的行为呢？是否意味着要直接"躺平"，对其他文化三缄其口呢？如果我们拒绝一切对他者文化的评价，那么人们将很难实现真正的交流，这个世界也会变得沉闷不堪、停滞不前。由此，其核心的问题应该是：我们如何作出成熟稳重的评价？

如果人类学家要防止被推向荒谬的文化相对主义"什么都行"的立场，一个仍然有用的公式是由人类学家沃尔特·戈德施米特（Walter Goldschmidt）提出的，即特定文化满足由它指导其行为的那些人的物质和心理需要的具体的指标包括：它的人口的营养状态、一般身体和精神健康情况，暴力、犯罪和违法行为的发生，人口结构，稳定和家庭生活的安宁，群体与其资源环境基础的关系。运用这些指标，可以看出文化是否能保证该社会持续存在。

我们要学会理解他者的文化，也要学会勇敢地为他者的文化发声！

◇ **本章小结**

文化之于寻常人如同水之于鱼，是一种日用而不知的存在。即使对于专业的研究者来说，文化也是易于感知但难以把握的。现代学术的知识生产方式已经不追求给一个概念下定义了，但本章的内容可以使我们明白在人类学的语境中，什么是文化、什么不是文化、我们可以如何来认识和阐释文化。这是我们通往人类学之境的必经之路。

◇ **关键词**

文化　文化定义　文化特征　文化分类　文化进化论　文化相对主义

◇ **思考**

1. 试着用哈维兰的文化七特征理论来分析任何一种文化。

2. 中国是一个历史悠久的文明古国。在这样一个文明古国中实现中国式现代化，可以怎样把固有的文化传统与现实社会需求相结合？

◇ **拓展读物**

1.〔美〕卡罗尔·R.恩贝尔，梅尔文·恩贝尔：《文化人类学》（版本不限）

2.〔美〕约翰·奥莫亨德罗：《像人类学家一样思考》（版本不限）

3.〔英〕爱德华·泰勒：《原始文化》（版本不限）

第三章

天真的人类学家：作为对象、场域和方法的"田野"

小阅读

一般人较少注意非洲村落与欧洲城市的最大差别在时间的流逝。对习惯农居生活规律节奏、脑袋里只有季节而不知今夕何夕的人而言，都市住民似乎以一种挫折疯狂的营营碌碌呼啸而过。漫步罗马街头，我觉得自己就像多瓦悠巫师，神秘的缓慢速度标示出我的仪式角色与身旁日常活动的差异。小餐馆的菜色太多，我无力应付：多瓦悠生活的别无选择使我失去决定能力。还在多瓦悠时，我成日幻想狂吃痛饮，眼前，却点了火腿三明治。

——奈杰尔·巴利《天真的人类学家：小泥屋笔记》

提到"田野调查"，两种典型场景将进入我们的视野：英国自然学家珍·古道尔（Jane Goodall）与黑猩猩一起探索非洲森林，开启了她与野生动物的奇妙探险；英国人类学家奈杰尔·巴利（Nigel Barley）的多瓦悠部落研究则向我们展示了一个"不为人知的遥远社会"，以及人类学家如何克服乏味、灾难、病痛与敌意的真实田野生活。面对"生物学意义"的与人类学的"他者"研究，这些研究场景的实现都将面临诸多的困难，那么你会选择迎接哪一种挑战呢？

当然，不论做出哪种选择，"田野调查"都不可避免地指向去往"田地与原野"进行实地考察。自1922年英国社会人类学家马林诺夫斯基正式出版第一本田野调查成果《西太平洋上的航海者》，"田野调查"一跃成为欧美人类学家走进"未开化民族部落"或"当地人的世界"的代名词，也被马氏定义为一套科学的搜集数据的方法，成为人类学家进入田野开展实地工作时需要遵循的工作守则。

总的来说，在人类学家的眼中，"田野"承担着三重身份的书写：作为对象，它是研究者搜集材料、分析材料和考察文化的总和，因而呈现的是他人之相；作为场域，它又是研究者进入的"他者"空间，反映的是外来者与本土人跨文化的交流、互动与共在的遭遇，因而"田野"又是一场跨越文化场域的时空之旅；作为方法，正如《人类学家在田野》所启示的那般，"田野"需要从事研究的人以他者镜照自身，从而在"尴尬的"空间、关系和角色中深刻地理解与阐释其所获得的信息或知识。

本章以人类学早期起源的时代背景为重点，介绍"田野"工作的时空处境、早期探索、主体角色，以及在人类学发端时期起到重要作用和影响的研究理论、方法和实践案例，并在此基础上反思始终随行的伦理问题。

第一节　田野何在：远方、他者与想象

大航海时代的地理发现开启了人类学早期的跨文化交流，大量的传教士、旅行家、航海者等去到异文化的"他乡"，试图记录、理解和自身文化不同的他者文化，于是探索与研究的脚步印在了"田野"的时空中。

一、When：大航海时代

（一）中西方早期的文化想象与奇幻世界

今天的我们也许很难想象，在中国古籍《山海经》一书中所描绘的奇珍异兽究竟反映着远古世界怎样的奇幻与精彩。这部记录着远古文化、表现彼时人们的生活状况与思想活动的奇书，勾勒出了上古时期的地理建制和奇闻景观，为当下探索原始文明和想象远古世界拓宽了视野。西晋郭璞将《山海经》作为一部讲求"九州之势"的地理著作，其所著《山海经注》为探究《山海经》

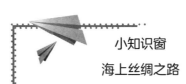

小知识窗
海上丝绸之路

海上丝绸之路又被称为"海上陶瓷之路"和"海上香料之路"，是古代中国与外国进行交通贸易和文化交往的海上通道。1913年由法国的东方学家沙畹首次提及，其萌芽于商周，发展于春秋战国，形成于秦汉，兴于唐宋，转变于明清，是已知最为古老的海上航线。

的地理属性之发端。而在西方，早期的商旅与游记传统，如马可·波罗的中国之行及行世于14世纪初的《马可·波罗游记》，也开启了西方探索"田野"的可能。

（二）大航海时代的异文化探索潮流

马可·波罗及其游记大大丰富了欧洲人的地理知识，对15世纪欧洲的航海事业起到了巨大的推动作用。意大利的哥伦布、葡萄牙的达·伽马等众多航海家在其影响下纷纷开启了探索东方世界的航海计划，创制了新的航海地图。

大航海时代的到来，使得这些旅行家、传教士、航海者等获得了到异社会进行探索与交流的机会，由此对异社会的风土人情和社会文化的记述和报道掀起了人类学早期的思潮，越来越多的"他们"以及人类学家在异社会活动，投身于田野进行异文化的研究，大规模跨文化交流也由此展开。

（三）新大陆：谁被谁发现

哥伦布发现亚美利加洲这片"新大陆"之后，西班牙、葡萄牙等欧洲国家的殖民者在黄金、土地的利益驱使下竞相蜂拥到印第安人祖祖辈辈休养生息的、古老而富饶的美洲大陆，原住民因受到惨绝人寰的杀戮而不得已接受殖民统治，这使得原住民濒临种族灭绝。而从另一方面看，欧洲殖民者进入美洲之后，为了殖民地的开拓需要，源源不断地从欧洲运去大麦、小麦等农作物，以及牛、羊、猪等家畜和各种农具，传去了欧洲先进的生产技术，推动了该地区的经济发展。不仅如此，随着国际人口的迁徙，不同人种和民族的交融与结合，使得美洲在语言、宗教、风俗习惯、文化艺术等方面独具一格。在一定意义上，航海事件所引发的"新大陆的发现"带来了欧洲资本主义时代的曙光，为其开启殖民、征服和统治他者的世界开辟了活动场所，但同时也给美洲的原住民带去了无法承受的灾难。

二、What：远方、他者与异文化

（一）高贵与野蛮：他者如何被想象

欧洲人认为他们的文化偏好和认识观念背后包含着"普世"的蕴意，因而对使"欧洲及其民族特别赋予征服世界的权力"充满了自信，"普世性"成为欧洲文化中心主义的实质所在，而那些被划分到边缘的文化成为衬托欧洲优越性的"他者"。新大陆被发现之后，西方对于"他者"的想象存在两种相悖的观点，一种认为"他者"是低劣的、野蛮的、不能为"文明"所容忍的，另一种则认为"他者"是自然的、野蛮的，但高贵的。

人物小札

保罗·高更，法国后印象派画家、雕塑家，代表作品有《我们从何处来？我们是谁？我们向何处去？》《游魂》等，其与文森特·凡·高、保罗·塞尚并称为后印象派三大巨匠。

高更认为，绘画的本质是某种独立于自然之外的东西，而艺术就是他所向往的某种生活方式。于是，他抛弃现代文明和文化的障碍，一个人前往太平洋塔希提岛，与当地土著长期生活在一起。

"高贵的野蛮人"这一经典概念，为彼时美洲落后的文化和野蛮的社会之观念平反。卢梭认为，人在自然状态下是天性无私、崇尚和平、无忧无虑的，而贪婪、焦虑以及暴力等许多负面事物都是文明的产物。在自然状态中，人类为求生而在与自然的互动中与自然达到了一种和睦相处的状态，并形成了良好、纯朴的德性。而文明的发展摧毁了这些原始的德性，人变得越来越聪明，而私有制却使人的心灵变坏。因此，在他看来，自然生存环境较为恶劣的原始部落反而保留着人类最美好的道德，原始生活方式更能够体现出人类的崇高和浪漫。

（二）浅层次文化的接触与深层文化介入

初到多瓦悠的巴利当然选择"先学习他们的语言，以达到沟通的目的"，但这位白皮肤的西方人用了两个星期都没有学会当地人的语言。可以说，掌握当地人的语言是进入田野的不二法门，而熟悉当地人的交流习惯与文化观念常常会帮助研究者避免陷入危险的境地。在多瓦悠，走私啤酒的警察局长、爱占便宜的酋长以及抢搭顺风车的居民都在向他传递着喀麦隆地区的文化风气。在与多瓦悠人的酋长祖帝保饮酒时，巴利就曾因犯了当地的咒语禁忌而导致局势变得相当紧张。

更有甚者，在人类探索史中被称为"永远的水手"。库克船长便是因触犯了夏威夷文明的禁忌而失去生命。这要从1779年1月17日讲起，"奋进号"舰船在凯阿拉凯夸湾登陆，库克等人造访了夏威夷岛。当时当地人正在庆祝玛卡希基节——一个祭祀神明奥罗诺和庆祝收获的节日。由于"奋进号"舰船的桅杆与部分祭祀用品很像，库克登岛之前巡岛的行为又与祭祀队伍巡岛的行为相符合，当地人误以为这些白种人是神明奥罗诺降临，因此对库克等人十分尊敬甚至可以说是崇拜，于是盛情款待了他们。而当库克一行人去而复返时，岛民的盲目崇拜转化成了愤怒，双方展开了激烈的打斗，最终造成库克船长的身亡。原来在夏威夷文明中，玛卡希基节的仪式情境是以作为人类代表的土著国王通过仪式象征性地击败神，并夺取生产和收获的神权与神力来保佑家园风调雨顺的祭神仪式，库克船长一行人的去而复返是在错误的时机回到不属于他们的仪式位置上，打破了当地人"驱神离开，来年丰收"的信仰，岛民为了维护"丰收"，弥补祭祀未了的仪式，与之产生冲突并最终发生了这一流血事件。

三、Who：探险家、传教士与研究者

在人类学的早期，进入田野的外来者或是以探险家的身份丈量他者的世界，或是以殖民者的身份侵略远方，抑或是以传教士的角色传播文化。他们带着不同的目的登上他者的土地，在异域留下他们的痕迹。"田野调查"在此过程中逐渐由业余的文化探索演变成专业的研究方法。

（一）寻找香格里拉：洛克的中国西南探险

约瑟夫·洛克（Joseph Rock）是一位奥地利裔美国探险家。1922年，他以探险家、撰稿人和摄影家的身份来到了中国，开启了他长达二十余年漫长的探险考察岁月。1922年到1949年，他周游了云南的丽江、迪庆、怒江等地，游历了玉湖、木里、香格里拉、亚丁等地区，广泛地收集整理当地的民族文化以及植物标本，并把丽江作为美国地理学会云南探险总部的所在地，潜心研究纳西族的历史、地理、语言、民俗等，记录下了将要湮没在历史长河中的纳西文字及其各种仪式与其他文化传统，并严谨地在纳西东巴（东巴文化的主要传承者和倡导者）的帮助下做了系统整理和研究。他通过《中国西南古纳西王国》一书把中国西南地区的地理风貌、人文风情和历史文化介绍给了全世界，被公认为"西方纳西学之父"。

（二）我用一生爱中国：传教士的人类学家女儿——伊莎白

伊莎白·柯鲁克（Isabel Crook）是华西协合大学的创建人之一、加拿大传教士饶和美的女儿。在四川的成长经历使得她对中国农村的境遇与中国革命十分关注，自求学时期便在达理县甘堡乡等地做社会调查，并于1947年与丈夫戴维·柯鲁克以国际观察员的身份前往河北十里店，

调查研究中国共产党领导下的土地改革等运动。经过详细考察，伊莎白完成了著名的社会调查著作《十里店（一）——中国一个村庄的革命》等作品，真实记录了中国新民主主义革命重要阶段的改革和发展情况。这些作品也成为当时蜚声海内外的社会人类学著作。此外，作为教育家的她还投身于中国英语教育教学工作，成为新中国英语教学园地的拓荒人，为新中国培养了大批外语人才。

四、How：科学、客观与普适主义

达尔文进化论以摧枯拉朽之势引起了探索人类早期社会的思想革命，尽管将人类社会作为可被观察的实验室研究对象仍然面临质疑，但不得不承认的是，进化论向人文社科领域的移用，开启了人类学以科学、客观的实验研究态度来理解人类社会和文化的探索和尝试。

（一）科学与实证：达尔文进化论的社会影响

1859年，英国生物学家达尔文全面提出了生物进化学说。在其巨作《物种起源》中，达尔文指出，自然界的个体对其所处环境具有不同的适应能力，受到生存空间和食物的限制，个体间存在生存竞争，具有有利于生存的性状的个体会得以生存，并通过繁殖将这种能力传给后代，而具有不利于生存的性状的个体则会被逐渐淘汰。达尔文将这种自然界优胜劣汰的过程称为"自然选择"。物竞天择，适者生存，"自然选择"是达尔文进化论的核心概念。生物进化的过程就是在竞争中不断被选择的过程。"自然选择"反映了自然界与生物界间的"双向奔赴"，"进化"揭示出在连续循环的自然环境下物种发展的规律。

人类学作为一门独立学科，一经问世便与进化论紧紧地联系在一起，泰勒与摩尔根等都是坚定的文化进化论者，在达尔文发表人类进化论著作的同一年，泰勒也在其著作《原始文化》中提出了文化进化的观点，并为文化提出了经典的定义。也就是说，达尔文在自然科学领域的实证观与客观主义，对早期人类文化研究造成了巨大的冲击，人类社会成为人类文化实验室的研究对象，进而引发了对社会进化、文化进化的讨论。值得反思的是，用纯粹实证与客观的科学态度来从事人类社会与文化的研究是不能完美实现的，但这种尝试也反映出早期人类学力图实证和客观的研究转向。

（二）"扶手椅上"的人类学：《原始文化》《金枝》的普适主义

受到达尔文进化论观点的影响，人类学早期怀抱着实证与客观的态度，试图通过研究人类精神文化现象、心智普遍规律等途径去挖掘人类文化规则的普适性。

《原始文化》是人类学的经典之作，"人类学之父"泰勒以进化论为理论基础，引证大量的民族学材料，对原始人类的精神文化现象，特别是宗教信仰等问题，进行了深入的开创性研究，并且阐述了他关于文化发展阶段和脉络的见解。弗雷泽在《金枝》中将眼光落在古罗马神话中一根可以决定人命运的树枝上，通过历史比较研究方法系统整理了世界各民族原始信仰的资料，梳理了原始宗教、神话、巫术、仪式和原始人的心理，并提出人类思想进化的三个阶段：巫术阶段、宗教阶段、科学阶段。无论是泰勒还是弗雷泽，尽管他们以"扶手椅上"的图书馆式研究开展着对人类文化普遍规律的探索，但仍然为科学的人类学研究做出了独特的贡献。

（三）孤独白人男子的意外成功：马林诺夫斯基与田野范式

囿于第一次世界大战，马林诺夫斯基被迫改变了他的田野计划，由原计划去往澳大利亚转为独自前往新几内亚的迈鲁岛进行研究。正是如此，他才能在偶然的机遇下发现特罗布里恩群岛的"可田野性"。这位英国人在太平洋上的意外成功，为经典而科学的民族志的创立打下了坚不可摧的基础。在其著作《西太平洋上的航海者》中，他总结了自己在特罗布里恩群岛的田野调查经验，确立了"科学人类学的民族志"准则，倡导"参与观察"的田野调查基本形式，并结合实践，将田野作业、理论预设与民族志三者有机结合，以此形成了系统化的田野经典范式。从他之后，几乎所有的人类学家都必须前往自己研究的文化部落住上一年半载，并亲身参与当地人的生活，使用当地人的语言，和他们建立友谊，而这种"必须"构成了马林诺夫斯基式的民族志记录。

第二节　田野何为：考察、访谈与记录

本节将向大家展示一位人类学家即将前往他者社会做田野调查时，必须提前了解和准备的计划，进行田野民族志的知识生产、田野过程中会运用到的调查方法和技术，以及中国本土化的田野探索。

一、"写"文化：民族志的知识生产

（一）时间与空间：田野民族志知识生产的程序

对他者社会及文化进行知识生产的前提离不开进入其生存空间进行资料的搜集与整理。前往田野广泛收集材料是进行民族志书写的必要前提，因此我们需要搞清楚关于"如何做好田野工作"的几个问题。

首先，掌握田野工作程序是田野调查能否成功进行的基础，一般包括如下步骤：①准备阶段：需要提前确定好调查主题、选择调查的对象、拟定调查提纲、联系对接好调查对象等；②田野调查阶段：根据田野计划开展工作，边调查边整理资料，同时要注意入乡随俗，尊重当地人的文化习惯等；③整理资料与民族志写作阶段：整理分析田野资料，

并在此基础上撰写研究
报告等。

其次，对田野时间
的认识关系到整个田野
工作的统筹安排。这里
的时间是具有多重属性
的。对田野工作而言，
按照其阶段性的任务安
排可以分为前期（田野
准备）、中期（实地考
察）、后期（撰写民族
志）三个阶段。然而对
于这三个阶段的整体把

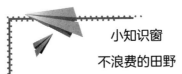

小知识窗
不浪费的田野

"不浪费的田野"要求我们在正
式开展实地调查之前做好充足的"前
野"准备，对自己田野过程中需要解决
的问题、需要收集的材料等有一个相对
清晰的计划。同时，在正式的田野调查
过程中，还要记录好自己每日的调查行
程，做好田野调查日记，将自己观察到
的、想到的作为田野收获的一部分，保
持"随时随地在田野"的状态。

握则需要将时间放置在循环的周期中加以考量，这是与田野目的密切相
关的。以往人类学家的实践与经验告诉我们，要想了解一个部落的完整
文化现象，至少需要在其社会中生活一年时间。因此，这个大方向的田
野时间又与宇宙时间观相呼应。

再次，选择去"哪里"展开田野调查事关研究成果的有效性与价
值。对于"田野"的选择，一般性原则包括：选择有特色的地区，选择
有代表性的地区，选择特殊关系的地区，选择前人调查研究过的著名地
区。当然，这需要与研究目的相匹配。

从马林诺夫斯基开始，经典民族志以"单点田野"作为考察他者文
化时被选择的地理空间。在那里，人类学学者与研究对象同吃同住，用
来进行实验和研究的场所即研究者生活的场所，"住在文化里"，是田
野的基本要求，而这也成为后来的人类学学者奉行的马氏田野经典范式
的要求。事实上，自从人类学面临全球化挑战和表述危机，马库斯提出
了"多点民族志"以回应，此举为实验民族志的探索提供了可能，田野
空间位置也从单一的选择变成了可按照需要制定的多处地点。

（二）如何"写"文化：是人类学家还是作家

"住在文化里"的人类学学者时常受到这样的困扰：民族志不是他者生活方式的文献化，而是具有主观起源的一种呈述，那么，通过自己参与观察得到的材料与分析该材料得出的结论，以及在这些基础上创作的民族志作品，究竟是学术性的还是文学性的？本人的身份究竟是人类学学者，还是作家？若要回答这些问题，需要我们回头去审视什么是民族志。民族志既是一种研究方法，也是一种写作文本。因为它是运用田野工作来提供对人类社会及其文化的描述的研究，因此也往往指称那些描述社群文化的文字或影响，如《忧郁的热带》《萨摩亚人的成年》等经典的民族志作品，以及《北方的纳努克》《虎日》等人类学纪录片。

由于人类学家抱着海纳百川式的心态进入田野，民族志便较好地呈现出了研究族群的真实群像和文化的特征，然而这种特征并不代表其内容的严谨性，甚至由于研究者自身的文化背景和价值取向，民族志也或多或少地有一些先入为主的观念或偏见。当然，写作是为了呈现学者的研究结论，从而达到研究的目的。本质上，作为一种劳动行为，写作实现了传递信息、生产知识与创造价值（学术、理论或者观点上的等）的目的。对人类学家而言，牢牢抓住"为什么出发"的思路，或许可以解答疑惑。

20世纪60年代，人类学遭遇"表述"危机，进而引发从经典民族志到实验民族志的转变，揭示了田野民族志书写的本质。与此同时，对于"文化如何被书写"的问题已然形成多方的探索之势。从呈现形式上看，民族志被看见的类型是多元的，如《山海经》《马可·波罗游记》等民族风俗志可被视为最早的业余民族志，诗歌、民族志诗学以及影视人类学的系列纪录片，也都是民族志的表现载体。

二、田野调查：把"自己"作为方法

进入田野，则需要研究者将目光落在具体的田野调查的方法上，掌握具体的研究方法能够帮助研究者采用有效的策略去解决田野过程中收集材料的诸多问题。参与观察法是田野调查的最基本方法，它使得研究者把"自己"当作方法，不露声色地融进观察对象的社会活动中，做他们正在做的事情，跳起他们正在跳的舞。

（一）"一起跳舞吧"：参与观察

所谓参与观察，就是研究者深入研究对象的生活背景中，在实际参与研究对象日常社会生活的过程中所进行的观察。参与观察法的第一次应用是马林诺夫斯基在特罗布里恩群岛上的实地调查研究。随之，这一方法在人类学、民族志、民俗学、社会学，以及农学、旅游学、宗教学的研究中得到推广，并成为社科领域经典的工具性方法。

根据观察者身份是否公开，参与观察法可以细分为公开性参与式观察法、隐蔽性参与观察法。公开性参与观察法适用于一些不涉及特殊内容、特殊群体、特殊情境的研究，如普通的企业调研、乡村调查、经济调查。本章提到的很多田野调查和民族志写作即使用这种方法，如在《天真的人类学家》中，巴利便采用这种公开性参与观察的方式了解多瓦悠人。隐蔽性参与观察法则适合针对一些特殊群体，如涉嫌犯罪的群体、一些难以治愈的疾病患者和其他边缘化的群体，或者某些具有高度限制性的情境。

（二）"不要像那个新闻记者"：深度访谈

根据被受访者的口头答复收集客观的、不带偏见的事实材料，以准确地说明样本所要代表的总体的一种方式，就是访谈法。这种方法也是民俗学、人类学等学科常用的研究方法。根据不同的分类标准，访谈被划分成不同的开展形式：按照是否正式，可分为正式访谈和非正式访谈；根据受访者数量象，可分为个别访谈和小型座谈会（集体访谈）。

在人类学的田野访谈中一般采用调查问卷或者调查表开展标准的访谈程序，或者采访者预设采访主题后与受访者进行自由地交谈。对于受访者生命史的关注和把握也构成了田野调查的访谈内容。了解受访者的家庭情况、教育背景、个人成长等方面，不仅有助于研究者从个案的角度去思考其文化，也构成了田野调查整体的一部分。

（三）"做有质感的田野"：实地调查的多维技术

在洛克的探险之旅中，我们能够很直观地体会到摄影技术为田野考察带来的巨大便利，尤其是在影视人类学领域，影像直接支撑起了人类学纪录片的一片天地。在"哔哩哔哩"平台上以"人类学纪录片"为关键词进行搜索，扑面而来的影像会直接将你引入人类学的田野场域中去。可以说，这一技术为人类学收集田野素材提供了不可估量的帮助。而在整理和分析田野资料与数据时，分类绘制图表有助于建立起材料之间的关系，多维的技术支持会使田野更具科学性和有效性。

如果说量化研究解决了"是什么"的问题，那么质化研究（也译作定性研究）解决的就是"为什么"的问题，而在实际的工作中往往采用两者相结合的方式进行田野调查。量化研究是指确定事物某方面量的规定性的科学研究，将问题与现象用数量来表示，进而去分析、考验、解释，从而获得意义的研究方法和过程。而质化研究是研究者用来定义问题或处理问题的途径，通过发掘问题、理解事件现象、分析人类的行为与观点以及回答疑问的研究方法和过程。

三、乡土中国：人类学田野方法的本土探索

（一）西阴村的背影：甲骨寻踪

1926年，李济等人在山西夏县西阴村的意外发现，拉开了中国近代考古学田野考古工作的序幕。在这里，中国第一批考古团队展开"披葱式"挖掘灰土岭的考古工作，并按照严格的科学方法对殷墟遗址进行了十几次的挖掘，由此发现了大量的甲骨文字、重要器物和重要墓群与遗址。

李济秉持用第一手资料为立论依据的原则，坚守以可定量实物为古遗物分类依据，坚持以文化人类学视角诠释考古资料，开创了中国人用自己的近代科学方法研究考古学的道路。通过对出土物的细致研究，李济著成《西阴村史前的遗存》这一开山之作，进而也作为"中国考古第一人"名震一时，并被称为"中国考古学之父"。

（二）乡土中国：费孝通的"江村"情结

提到中国本土化研究，费孝通是这方面的集大成者。从《江村经济》开始，费孝通便致力于将人类学理论研究与中国村庄案例相联系。他以苏州太湖一个兼具农业和工商业特点的村庄为田野地点，将调查的重心放在该地农民的生产、分配、消费和交易体系上，试图在纷繁的经济活动中弄清楚以江村为背景的微型社区发展的经济动力和结构，从而寻求工业文明与农业文明碰撞后的可行之道。可以说，《江村经济》是费孝通将西方人类学的研究路径中国化的初步尝试。

如果说，《江村经济》初步呈现了费孝通的本土研究，那么《乡土中国》则集中体现了他的"江村"情怀。在该书中，费孝通探讨了中国农村的人文环境、社会结构、权力分配、道德体系、法礼、血缘与地缘

等方面，将眼光聚焦于中国的历史与传统中，描绘了中国基层乡土社会的面貌。他提出了一系列本土化的学术概念，如"差序格局""礼治秩序"等，为研究中国问题提供了本土化的概念和视角。正是对中国农村和社区的广泛调研与研究，为他日后的"文化自觉"观与"中华民族多元一体"格局打下了基础。

中国从古至今便有着从未断代的历史文化、浩如烟海的文献典籍记录，以及底蕴深厚的宗祠社会形态，因而中国的田野调查即便受到西方人类学研究思潮的入侵，也不影响其具有本土意义的探索与实践。这表现出不是纯粹在现场的共时工作，而是更加关注从文献中考据、利用多维材料互证、对复杂文明持续性探索等本土性特点。在此基础上，文学人类学提出"四重证据法"的古史研究理论方法，即"一重证据指传世文献；二重证据指地下出土的文字材料，包括王国维当年研究的甲骨文、金文和后来出土的大批竹简帛书；三重证据指民俗学、民族学所提供的相关参照材料，包括口传的神话传说、活态的民俗礼仪等；四重证据指考古发掘出的或者传世的远古实物及图像"，这些田野方法的本土探索促进了中国式田野的前沿发展。

人物小札

史禄国（1887—1939），原名为谢尔盖·米哈伊洛维奇·希罗科戈罗夫（Сергей Михайлович Широкогоров），是俄罗斯人类学奠基人、现代人类学先驱之一。

史禄国也是我国社会学和人类学奠基人之一的费孝通的老师，为中国民族学和人类学的发展做出了重要贡献。直到1994年，费孝通还在深情地怀念这位1933年收他为弟子并指导他从事民族学和人类学研究、使他受益终身的恩师。

第三节　田野何思：反差、暗影与禁忌

人类学家在田野研究时会遭遇不同文化的强烈冲击，而在我们的现实生活中也存在文化上的冲突。这些情况暗示不同人群之间具有不同的文化立场，也警示我们在做田野研究时需要留心这些被称为"田野伦理"的禁忌。人与人之间是如此，人与其他物种之间同样也存在既冲突又相互共生的关系，面对人类中心主义的过去和当下多物种民族志的崛起，人类学研究又将如何反思？

一、"Cultural Shock"：他们怎么会这样

"云贵川的人是'铁胃'吗？吃辣椒也太厉害了吧！"

"成都话中的'儿豁'到底有几个意思？"

"你'站'甜粽子还是咸粽子？"

这些来自中国南北方文化差异的话题总会时不时造成激烈的争论之景，地域间的差异自然而然带动了文化、习俗、信仰、生活方式等方面的讨论。面对差异化的文化表现，大家在交往中经常会因为不了解彼此的文化习惯而产生误解。因此，当遇到这样的困扰时，大家一定要认识到"这只不过是正常的文化冲突罢了"。

当一个人因进入不熟悉的环境而丧失或部分丧失自己原有的社会交流的符号与手段时，心里难免会出现紧张、激动、疑惑、排斥等心理，美国人类学家奥伯格（Kalvero Oberg）将这一现象称为"Cultural

Shock"（文化震撼、文化休克或文化冲击）。比如，巴利在非洲喀麦隆从事田野工作时，首先遭遇的便是饮食习惯带来的"水土不服"，由于多瓦悠人不吃鸡蛋、牛奶，酷爱小米，巴利只能靠着补给站买来的硬饼干、花生酱、罐头勉强度日。除了在饮食上举步维艰，接踵而来的疟疾、肝炎等疾病，以及被医生错拔的牙齿和不受待见、心灵孤寂的"外来者"身份纷纷向这位"可怜"的人类学家宣告田野调查的困难和充满"Cultural Shock"的艰难处境。

二、"哪副眼镜才合适"：主位与客位

在田野调查的过程中，研究者和被研究对象之间的二元关系常常作为分析文化现象背后深层含义的两种对立视角而引发思考。美国人类学家哈里斯（Marvin Harris）为试图解决研究者与调查对象之间的矛盾提供了一个具体的方法，即两副可以进入田野进行文化观察的"眼镜"——主位（emic）和客位（etic）。

这两个术语是肯尼思·派克（Kenneth Pike）在1954年从语言学的术语"音位的"（phonemic）和"语音的"（phonetic）类推出来的，被哈里斯移用到人类学中反映文化表现的不同理解角度。

文化的客位研究，如同于音素的分析，采用类似国际音标那样的适用于所有文化的概念和术语，对世界上的各种文化进行分析，并从研究者的角度建构理论体系，这就是所谓的"从外部看文化"的研究；而文化的主位研究，则如同于音位的分析，在对某一具体文化的调查和分析中发现这个文化本身所特有的概念和术语，并用这些概念和术语来认识这个文化的整体，这就是所谓的"从内部看文化"的研究。[①]

---

① 庄孔韶：《人类学通论》，山西教育出版社，2002年版，第189页。

　　穿着"当地人的鞋子"去理解他们的文化，尽可能地以当地人的视角去认识他们的文化表达，这便要求研究者对研究对象有深入的了解，熟悉他们的知识体系、分类系统、概念意义等，通过深入地参与观察，尽量像当地人那样去思考和行动。

　　总之，人类学的田野调查要求研究者能够"进入"当地人的世界，成为其中的一员：一方面，戴上主观的眼镜完全置身于当地文化情境当中；另一方面，戴上客观的眼镜，时刻保持一个局外人的立场，做到根据研究的需要更换自己观察和分析的视角。

三、"不该发表的日记"：人类学的知识伦理

（一）马林诺夫斯基的两副面孔

1918年5月21日

前几天停止了日记。病情越来越糟糕。两天的下午都发烧（星期五和星期六）；星期天病得很厉害。星期一（昨天）感觉好些，但还是很虚弱，神经大受摧残。在这满是小孩和黑鬼的地狱中饱受煎熬；尤其是我的男仆们，简直气死我了，玛丽安娜也是。不过昨天我一感到好些后，就立刻从懒惰中振作起来。但今天一定不能再那么拼命了。①

　　1967年，一本名为《一本严格意义上的日记》（以下简称《日记》）的书的发表，使得人类学民族志典型人物马林诺夫斯基的伟大形象崩坍了。在《西太平洋上的航海者》一书中，马林诺夫斯基曾深情

① 〔英〕马林诺夫斯基：《一本严格意义上的日记》，卞思梅等译，广西师范大学出版社，2015版，第343页。

说道：

　　若我们怀着敬意去真正了解其他人（即使是野蛮人）的基本观点，我们无疑会拓展自己的眼光。如果我们不能摆脱我们生来便接受的风俗、信仰和偏见的束缚，我们便不可能最终达到苏格拉底那种认识自己的智慧。[①]

　　然而在日记中，马氏对原住民不仅毫无同情心，还充满了轻蔑和鄙夷，大骂他们是嗜血者、野人、恶心的黑鬼（在其民族志作品里，这些原住民被描写成最聪明、高贵、正直的人）。"真正和这些原住民联系上"是马林诺夫斯基认为能够开展实地工作的初步条件，也成为后来的人类学家从事田野调查的"金科玉

小知识窗

列维–斯特劳斯与《野性的思维》

　　《野性的思维》是法国结构主义创始人克洛德·列维–斯特劳斯发表于1962年的人类学著作，该书主要研究未开化人类的整体性与具体性思维的特征，力申未开化人的具体性思维与开化人的抽象性思维并非分属原始与现代或初级与高级这两种等级不同的思维方式，而是人类历史上始终存在的两种平行发展、各司其职、相互补充与渗透的思维。

律"，但上述两副面孔却流露出他无法移情的一面，这与他的理论建设背道而驰。也正因如此，当时的人类学界对"日记事件"展开了激烈的争论。其时，在美国声名日盛的人类学家格尔茨（Clifford Geertz）也参与其中。他在1967年开始为《纽约书评》撰稿，首篇文章就是《论马林

①　〔英〕马林诺夫斯基：《西太平洋上的航海者》，张云江译，中国社会科学出版社，2009年版，第447页。

诺夫斯基》。

今天再去审视"日记事件"，我们会得到这样的认识，即一个关于民族志写作的问题：如果观察是一件如此个人的事情，那么在有阴影的海滩闲逛不也是观察吗？当主体（人类学者）如此膨胀的时候，客体（被研究的对象）不会萎缩吗？格尔茨认为《日记》的出现在本质上是促使我们去反思田野调查和民族志写作的关系，以及在这两个行动中"我"是一个什么样的角色。《日记》使我们见证了一位真正的人类学家的出现，看到了一个人类学家在实际调查工作中遇到的困惑和坚持，也让我们看到了田野调查与民族志不光是学术研究问题，也是真实存在于社会生活语境中处理人类学家（人）与研究对象（人）乃至与世间万物相关的田野伦理命题。

（二）科学中的"恶"：塔斯基吉梅毒实验

在美国，想要做到在全国范围内推广疫苗是很难执行的工作，因为可能会有很多黑人抵抗，担心这又是一次阴谋。他们的这种担心并非空穴来风，毕竟发生于1932年的"塔斯基吉梅毒实验"是被证实了的阴谋。这个实验以黑人活体作为对象，完全罔顾黑人生命健康权，违背人性，严重违反了医学人道主义基本原则，"塔斯基吉梅毒实验"甚至成为种族主义的代名词之一。而在这一事件的背后，我们不得不认识到这样一个问题：当我们决定走入研究对象的生活时，我们就处在一个合法却不合乎伦理道德的两难境地，田野调查中发生的伦理问题，可以说是所有进行田野调查的研究者所必然面临的。

秉持"田野伦理"的表现是在田野研究中，研究者处理与被研究对象关系时遵循与实践的具体道德准则，其要求田野工作中的一切行为以道德伦理与学术规范为约束。执行田野伦理的基本要求是正确、顺利完成田野调查的必要前提，具体包括：①田野工作者根据需要开诚布公地向研究对象表明自己的身份，这有利于建立双方的信任；②与研究对象保持良好、稳定、和平的关系，研究者才能从研究对象那里获得自己想要的内容；③不干涉当地人的生活和价值观，顺其自然地参与他们的仪式活动，这是田野工作的教义，如此才能真实客观地反映出田野的文化；④从田野资料获得最直接的民族志书写材料，是研究者做田野工作的目标，在此过程中需要保护好研究对象的隐私，保证研究对象日后的生活不会受到不利影响。

（三）"成为三文鱼"：重塑多物种世界的生命伦理

在地球新纪元"人类世"成为社会热点议题的今天，我们应该去反思：面对残缺破损的地球相貌、污染重重的生存空间、珍稀动植物的相继灭绝，人类该如何与地球相处、与其他物种共存，如何去审视生态文明？

近年来，以动植物、真菌以及微生物等为书写对象的民族志作品的出现，推动了人类学对人与其他物种间的区隔的讨论，多物种民族志试图重塑人与物种的关系，因而采用独特的视角与理念，针对以人类为主导的人类中心主义提出了可供反思的有力武器，人类与非人类的边界逐渐消弭，重塑多物种世界的生命伦理进入了人类学学者的视域中。

《末日松茸：资本主义废墟上的生活可能》将"一朵朵小小的松茸如何编织起一个个社会的脉络，建立起物种之间的连接，而人也成为物种间关系网络中的一个结点"这一现实写照呈现于我们眼前。罗安清（Anna Lowenhaupt Tsing）指出："每一个物种若要生存下去就需要相互协作。协作意味着克服差异，从而导致彼此被交换。没有合作，我们都会灭亡。"[1]"每种有机体都在改变着我们的世界……世界创造计划可以彼此重叠，为多元物种提供生存空间。人类也是如此，常常被卷入多元物种创造的世界中……当人类的维生方式为其他生物腾出空间时，人类就会塑造出多元物种的世界。"[2]

---

[1]　〔日〕罗安清：《末日松茸：资本主义废墟上的生活可能》，张晓佳译，华东师范大学出版社，2020年版，第24页。
[2]　同上，第16页。

　　同样地，在《成为三文鱼：水产养殖与鱼的驯化》中，透过利恩的眼睛，我们看见了在三文鱼的养殖场所中，有生命的物种（如人、三文鱼、水藻等）与无生命的物种（如渔网、饲料、岩石等）之间建立起社会性关系。而作者的高明之处就在于，她追踪三文鱼的不同片段，并以此展开多物种网络中故事的编织，将"民族志实践置于最深层的本体论的关系之中"，于是三文鱼被赋予情感，人与人、人与三文鱼，甚至是三文鱼、人与其他无生命物种紧紧围绕着对三文鱼的养殖、宰杀、贩卖等过程而上演着跨越物种界限的情感故事。

　　也就是说，我们可以这么理解：在多物种民族志的理念中，多元物种的重叠需要彼此相互协作，如松茸与包括人在内的其他物种交染与缠绕，结成跨物种伴侣，构成了一个共生体。这种观点不再以人作为世界运转的中心，人不再主宰其他物种，而是与其形成交染共生的共同体。

✧ 本章小结

　　"田野调查"既是一种研究方法、"写"文化手段，亦是文化研究成果展示的方式之一。通过本章的学习，我们可以了解到"田野调查"作为方法或理论的发展历程，看到早期田野所在的时空、呈现形式，以及做田野的人如何具身参与田野实践的过程，并在此基础上，进一步了解人类学与田野工作的中国本土化进程及其意义，了解人类学民族志与田野工作的基本方法和学科伦理，看到作为物种的人类和其他物种之间的关系，并在反思中重新审视人与自然和谐共生的命题。

✧ 关键词

　　他者　田野　民族志　参与观察　深度访谈　主位/客位　人类学的成年礼

✧ 思考

1. 人类学的田野调查与其他学科的实地调查有何异同？

2. 本民族学者研究本民族文化具有天然的优势吗?

3. 有哪些"文化新写法"? 它包括哪些内容?

◇ **拓展读物**

1. 〔英〕马林诺夫斯基:《西太平洋上的航海者》(版本不限)

2. 〔英〕奈杰尔·巴利:《天真的人类学家》(版本不限)

第四章

关于幸福的另一种讨论：人类学家眼中的性别、婚姻与家庭

　　人，生而为独立的个体，如何在认知习得中理解怎样才算是"男人"，怎样才算是"女人"？什么是"男人的世界"与"女人的世界"？我从哪里来，为何要继续扮演"父母"的角色？我为何要将自己的种族延续下去？我会与什么样的人结婚？我"应该"与谁完成这样的使命？怎样才算一个"家庭"？"家庭"的"必须"与"非必须"如何共存于人类世界？

　　本章将从人的生物性别和社会性别入手，追溯人类学性别研究的发展历程，从共时和历时的角度来看待婚姻、家庭与亲属制度，探讨族群认知的多样性与历史形态的演变进程，进而理解性别、婚姻与家庭如何形塑了人的一生。

第一节 我们有何不同：先天之"性" 与后天之"别"

人，生而不同。这种不同首先体现在身体之"性"（sex）上。生物学意义上的性别使得我们成为男人或女人，进而影响着我们的人生走向。然而，男女之间的差异真的仅仅归结于生理因素吗？人类社会真的只有男女两种性别划分吗？

一、"性"的生物基础与性别的文化关注

（一）什么决定了身体之"性"

在谈到性别时，人们往往从生物学的角度来描述：性别由染色体决定。携带X染色体的卵子与携带X或Y染色体的精子结合形成受精卵，由此胎儿的性别被确定下来。

婴儿出生时，第一性征基本完备，人类在生殖器结构上的差异成为性别最根本的标志。进入青春期后，第二性征的发育进一步造就了男女在外形上的差异。于是，从生物学的论据出发，人们判定两性之间存在着巨大的并且是本质上的差异。

然而，以基因作为划分两性的标准，并解释男女之间的差异，难免失之偏颇。从遗传学的角度来看，人类的基因族谱中共有23对染色体，其中22对大体是相同的，只有第23对性染色体不同，也就是说人与人之间的基因重合度可高达95.6%。如何从如此高度相似的基因中解释男女的差异？

2005年，威斯康星大学麦迪逊分校的心理学家珍妮特·希伯利·海德（Jenet Shibley Hyde）提出了"性别相似性假说"（Gender Similarities Hypothesis），即男女之间的相似性大于差异性。她列举了性别在不同心理变量上的数值，结果显示两性差异并不像人们想象的那么大，甚至在一些测量中，男女之间的差距微乎其微，是后天的各种社会文化因素放大了两性之间为数不多的差异。

性别差异的存在是不可磨灭的事实，也是我们认识两性在其他方面差异的基础，但差异所具有的意义却是人为赋予的。"当差异被发现的时候，它们（在体现的方式上）已经被深深地打上了性属权力理论的标记。"①

（二）何为"我是一个女人"

生物学意义上的男女性征并不总是和人的社会性别相对应。比如祝英台和花木兰，虽然在生理上是女性，但她们的社会性别一度被认为是男性。

在近代及以前的西方哲学史上，本质主义一直占据着统治地位。本质主义认为，任何事物均有一个内在的、唯一的本质。在涉及性别问题时，性别本质主义将历史文化所造就的性别差异归结为生理本质差异，并从生物学的依据出发，将两性划分为不同的社会角色和社会等级。后来出现的生理决定论更是使得性别本质主义有了看似更加合理的科学依据，其认为男女生理上的差异必然导致男女社会命运的不同。

近代以来，以萨特（Jean-Paul Sartre）为代表的存在主义者开始明确反对本质主义的思维方式，认为人并没有一种先天不变的本性或本质，人的本质是后天创造的。波伏娃（Simone de Beauvoir）更是在《第二性》（*The Second Sex*，1949）中以存在主义为哲学基础，批判了性

---

① 〔美〕托马斯·拉克尔：《身体与性属：从古希腊到弗洛伊德的性制作》，赵万鹏译，春风文艺出版社，1999年版，第15页。

别本质主义的论点。她认为，生物学的论据是人存在的基础，是了解两性的关键，却不是性别的决定因素，也不能解释性别间的阶级差别。同样，女性身上也没有所谓永恒不变的女性特质，女性的弱势地位来自社会经济文化的制约，来自男性的建构。以生理上的差异来判定两性的优劣和贵贱，表面上看是从生物学的论据出发，实际上暗含的是一种社会认同，一如我们所熟知的那句经典"女人不是天生的，而是后天形成的"①。

人是社会性的动物，性别也是社会历史文化的产物。两性的生理差异是不可否认的，而人们正是在性别的生物学基础之上，从自己的历史、文化和经验出发，建构和阐释了两性的差异，并赋予了男女不同的地位和角色。

（三）性别为何成为人类学的话题

人类学在社会性别的研究上并没有很长的历史。早期的人类学往往以男性为研究对象，对女性的描述则语焉不详。事实上，这样的现象并非人类学的"专利"，在当时男权社会的大背景下，其他社会科学研究对男性的重视和对女性的忽略与遮蔽比比皆是。

随着第二次女性主义运动的兴起，以及马克思主义理论的广泛传播，广大女性在新的历史背景下提出了新的诉求，力求发现内在的文化上的女性本质，挖掘女性的独特性，并关注文化权力差异的问题。

女性主义作为一种研究方法，为很多学科注入了新的活力，也逐渐引发了人类学家，尤其是女性人类学家对于性别和性别差异问题的反思。人们开始批判传统民族志书写中浓厚的男性中心主义色彩，以及女性的"失语"境地，将女性从民族志中"被观看"的位置上解放出来，弥补女性的缺位现象，并从文化上论证和反思社会性别差异，重新诠释

---

① 〔法〕西蒙娜·德·波伏娃：《第二性Ⅱ》，郑克鲁译，上海译文出版社，2011年版，第9页。

人，并重新审视人类文化。

二、人类学的性别研究

（一）人类学与女性主义

在传统的人类学中，性别研究只是一个边缘性课题，零星散落于人类学家对于婚姻、亲属关系、礼仪等的研究之中，而没有对其进行翔实系统的记载。

从巴霍芬（Johann Jakob Bachofen）的《母权论》（*Das Mutterrecht*，1861）首次提出母权制，并讨论了母权制与群婚制在人类历史上的存在，到马林诺夫斯基在《两性社会学》（*Sex and Repression in Savage Society*，1927）中分析比较了"野蛮"的美拉尼西亚母系社会里的"性"和"文明"的欧洲社会里的"性"，韦斯特马克（Edvard Alexander Westermarck）在《人类婚姻史》（*The History of Human Marriage*，1891）

人物小札

玛格丽特·米德（Margaret Mead，1901—1978），美国人类学家。在《萨摩亚人的成年》中，米德对萨摩亚少女和美国少女进行了对比研究，与西方世界普遍存在的"青春阵痛"不同，萨摩亚少女拥有轻松愉快的青春期生活。米德认为，是两个社会的文化差异导致了两地青春期少女不同的适应效果。1929年，米德开始对新几内亚三个原始部落进行研究，并在此基础上写成《三个原始部落的性别与气质》。通过南太平洋岛屿的一系列田野工作，米德证明了后天环境因素对人的发展具有至关重要的作用，因此形成了她的"文化决定论"思想。

中论证一夫一妻制的原始性和古老性，并探讨了婚姻的起源、类别式亲属制度、不同国家和民族的婚姻制度等，再到玛格丽特·米德在《三个原始部落的性别与气质》（*Sex and Temperament in Three Primitive Societies*，1935）中，通过对新几内亚三个相邻原始部落里男女的性格特征和行为方式的比较，最终证明文化在建构性别行为上发挥着巨大的作用。

在20世纪70年代以前，人类学家对性别的论述多见于婚姻、家庭和亲属制度等相关内容。直到20世纪70年代，在社会运动风起云涌以及马克思理论开始被西方学术界所接受的背景下，与性别有关的议题迅速发展，进而导致了女性人类学（feminism anthropology）的兴起。

女性人类学是女性学和人类学的结合，既是用人类学的理论和方法研究女性问题，又是在女性主义的影响下的人类学对自身的反思，用以弥补传统人类学和女性主义研究理论的偏颇和不足。女性人类学不仅研究女性，还开展包括男性在内的社会性别的研究。

凯琳·萨克斯（Karen Sacks）作为代表人物，对于恩格斯的《家庭、私有制和国家的起源》一书的结论作出了修正。通过对非洲四个社会群体的对比分析，她发现，女性的地位与其劳动被视为社会性劳动还是家庭内部劳动密切相关。

针对萨克斯等学者在马克思理论影响下所提出的观点，罗萨尔多（Michelle Zimbalist Rosaldo）和兰菲尔（Louise Lamphere）等女性学者提出了不同的看法。在《女性、文化与社会》（*Women，Culture，and Society*，1974）中，罗萨尔多和兰菲尔提出了普遍性象征结构，即"男性/女性，文化/自然，公共/家庭"，并认为这样的象征结构是一种普遍的文化现象，导致了女性地位低于男性。

后续的研究同样质疑了她们的观点。在《自然、文化与两性》（*Nature，Culture and Gender*，1980）中，哈里斯（Olivia Harris）通过对南美玻利维亚莱弥士人的研究，提出在个别的社会里男女对立的象征是否重要的问题；而古德尔（Jane C. Goodale）在书中所提出的考隆人

（Kaulong）的例子则几乎忽略了男女象征本身。上述两个例子是对于性别象征普遍性的直接反驳。此外，斯特拉森（Marilyn Strathern）通过对新几内亚哈根人（Hagen）的研究，进一步批评普遍性象征结构是建立在西方文化的基础之上，在许多非西方社会中，这种自然/文化观并没有绝对的优劣之分或一致联系。

针对罗萨尔多和兰菲尔的普遍性象征结构，马克思主义女性人类学进一步提出了挑战。利科克（Eleanor Leacock）提出，人类学家在从事民族志分析时，忽略了社会的不平等是资本主义和殖民主义影响的结果，从而认为两性不平等是文化上的普遍现象。西尔伯布拉特（Irene Silverblatt）则认为，两性象征是统治阶级合法化其统治的手段，以及合法化阶级关系和不平等关系的实践形式。

由此，对于性别的研究便从以往的社会象征体系中跳脱出来，而被置于更大的政治经济体系中。但如此一来，女性研究或女性人类学的焦点问题也日渐模糊。于是，在20世纪80年代初期，性别人类学代兴。

（二）性别人类学的代兴

在《自然、文化与两性》中，斯特拉森提出了女性人类学背后的"稻草人假设"：第一，女人是适合研究的类别；第二，女性人类学家反而可以剔除男性的习惯性偏见；第三，女性人类学家对其他女性的状况有其敏感性的洞识。

基于上述三个假设，女性人类学可以成为人类学的一个分支。对于这种建立在普遍女性本质基础之上的假设，斯特拉森提出了疑问，并用哈根（Hagen）和维鲁（Wiru）两个例子来论证自己的观点，由此强调，女性特质是由文化建构的，没有所谓的普遍性女性本质，因而这不可能成为一个独立的研究课题，也就不存在所谓的女性研究或女性人类学。

斯特拉森的观点解构了以往的女性研究和女性人类学，此后，女性研究和女性人类学逐渐被性别研究或性别人类学（Gender Study）所替代。人类学的性别研究进入另一个重要的发展阶段。

新兴的性别人类学，除了不再使用"女性人类学"这个词汇之外，也反省了过去女性研究对于女性部分的过度偏重，而未能将其放在整个社会文化脉络中来了解性别建构这一问题，并将女性研究重新安置于社会文化脉络及整个象征体系中。①

（三）性别能否突破二分法

在身份证上，在注册一个社交账号时，或者在填写各项个人信息时，男女两种泾渭分明的性别选择始终在提醒我们，我们生活在一个性别二元的世界。这种性别二元论将人类严格划分为男性和女性，认为人类有且只有这两种性别，两者壁垒清晰，别无他选。然而，这种传统的性别体系并不能概括所有的社会性别，也不适用于世界上所有的国家和民族。

间性人就是一个突破传统性别二分法的例子。患有雄性激素不敏感综合征的人，身体无法识别睾酮，因此虽然携带男性染色体，但看起来却是女性；患有先天性肾上腺增生症的人，体内有较高水平的雄性激素，虽然看起来是女性，但外生殖器特征并不明显。他们显然不符合性别二分法的范畴，却占据着一个生物学意义上的中间点。间性人出生后，往往会被粗暴地选定一个性别并被塑造为一个"正常"的男性或女性，但不是所有人都能够在这种社会期待和自身实际中保持一致，很多人依然面临着性别认知的困扰。

间性人的存在恰恰说明了社会性别的高度可变，它并不总是和生物性别相对应。事实上，将这些分类看作同一"连续统"的两极可能更好理解，替代性别则构成了"连续统"中的各个点。② 人们对于自身性别

---

① 黄应贵：《反景入深林：人类学的观照、理论与实践》，商务印书馆，2010年版，第144页。
② 〔美〕卢克·拉斯特：《人类学的邀请：认识自我和他者》，王媛译，北京大学出版社，2021年版，第171页。

的定义，不仅受到先天生理性因素的影响，更受到后天文化和社会环境的塑造。以二分法来划分人类性别，显然忽略了性别角色的个体差异。

第二节　结婚，是否为完满的人生

对于很多人来说，婚姻是人生必经之路，是两情相悦的最终归宿。而在人类学家的眼中，婚姻却与爱情毫无关联。本节将讲述人类学家眼中的婚姻制度与亲属体系。

一、为何结婚：必须走进"围城"吗

（一）步入婚姻的"殿堂"

对于婚姻，人类学家有不同的阐释和见解。韦斯特马克将婚姻定义为"得到习俗或法律承认的一男或数男与一女或数女相结合的关系，并包括他们在婚配期间相互所具有的以及他们对所生子女所具有的一定的权利和义务"。[①]而默多克（George Peter Murdock）认为，"'婚姻'仅仅存在于当经济的功能和性功能结合为一种关系之时"[②]。可见，婚姻总是与性、后代、经济以及社会关系联系在一起。

1. 作为生物的人：食色，性也

"饮食男女，人之大欲存焉。"人的生命不离两件大事——饮食

---

① 〔芬兰〕E. A. 韦斯特马克：《人类婚姻史》（第1卷），李彬等译，商务印书馆，2002版，第33页。

② Burton Pasternak, eds. *Sex, Gender and Kinship: A Cross-Cultrual Perspective*, New Jersey: Prentice-Hall Inc, 1959, p.82.

和男女之事，也就是生活和性的问题。在以性别分工为基础的社会中，男女结合才能维持日常生活的需要，婚姻则提供了两性合作的形式和保障。

性是人类最基本的生理需要之一，不过每个社会都有控制性行为和性关系的伦理道德规范。正如在大多数社会，婚外情被看作背德之举。而在传统的东方社会，尤其是一些伊斯兰国家，对于婚前性行为总是持反对甚至是明令禁止的态度。

性是人之大欲，婚姻作为社会赋予的权利，也就成为控制和合法化性行为的途径。"结婚总是意味着性交的权利：社会不仅允许夫妻之间性交；而且一般说来，甚至认为彼此都有在某种程度上满足对方欲望的义务。"① 婚姻不仅使人类的性需求得到满足，还带来了稳定的伙伴关系以及持续的性接触行为的保证。

2. 后代的繁衍：不孝有三，无后为大

人的生理特点决定了繁衍后代必须有男女两性的参与，而在以性别分工为基础的社会中，抚育同样离不开男女的分工合作。不同于其他哺乳动物，人类抚育有两个特性："一是孩子需要全盘的生活教育，二是这教育过程相当的长。"② 人类婴儿的长依赖期决定了父母双方要长时间且全方位的抚育，从而使得男女需要长期结合成为夫妻。也就是说，"婚姻是社会为孩子们确定父母的手段。从婚姻里结成的夫妇关系是从亲子关系上发生的"③。婚姻是保证和维持夫妻双方对孩子长期抚育的文化手段。而俗话说"养儿防老"，则说明子女还是夫妻晚年生活的保障。对于整个人类社会来说，继嗣使得人类群体能够代代延续，不会因为个体的死去而消亡，以此保证种族的绵延。

---

① 〔芬兰〕E. A. 韦斯特马克：《人类婚姻史》，李彬等译，商务印书馆，2002版，第33页。
② 费孝通：《生育制度》，北京联合出版公司，2018年版，第77页。
③ 同上，第80页。

3. 经济互助与社会稳定

人是社会性的动物，人之所以能超越低级动物，不仅仅为满足生存而活着，关键在于利用了分工合作的经济原则。而婚姻则提供了以性别为基础的劳动分工方式，从"男猎女采"到"男耕女织"，再到"男主外，女主内"，都体现了社会对于两性在婚姻中的分工合作以及经济互助的看法和要求。

虽说食色为人之本性，但这并不代表社会可以放纵性的自由，性的自由会扰乱社会稳定。因此，人类社会以婚姻作为限制性的契约，在赋予双方性生活权利的同时，还能够有效避免性竞争，防止乱伦以及因争夺异性而产生的社会冲突，从而保持社会稳定。此外，婚姻提供了长期双系抚育的保障，从而为社会供给新的社会分子，由此人类群体得以世代绵延，社会结构得以维持完整和稳定。

（二）婚姻中女性的地位是否普遍低于男性

1. 二元结构

在《女性、文化与社会》中，罗萨尔多和兰菲尔提出了一种普遍性象征结构，即"男性/女性，文化/自然，公共/家庭"的对应结构，这一象征结构普遍存在于各种社会文化之中，并导致了男女地位的不同。

由于两性的生理差异，女性更多地参与到自然生育当中，并在育儿方面承担主要角色；与此相比，大多数男性在此方面的助力和付出微乎其微，也因此有更多的时间和精力参与那些具有创造性和超越性的活动。可以说，女性的生理功能和生命角色将其束缚于家庭内部。正如罗萨尔多所指出的，女性局限于家庭，承担起养育孩子、照顾家庭的责任，男性则更多地活动于社会领域，社会在逻辑上处于比家庭更高的组织层次，从而构成了两性家庭/社会的格局。

因此，女性活动被视为更接近"自然"；男性所从事的工作则和"文化"相联系，从而其价值和地位也得到了更高的肯定和认可。

2. 生计活动或经济角色

结构主义的代表人物列维-斯特劳斯指出：婚姻本质上是一种交换，乱伦禁忌导致了外婚制的出现，因而不同家庭的男人必须交换彼此的姐妹。这表明女性在原始社会中被视为十分重要的社会资源，交换妇女使得社会各群体紧密联结，也织就了一张庞大而复杂的亲属关系网。

在《家庭、私有制和国家的起源》中，恩格斯指出：在生产力极其低下的原始社会，实行以血缘关系为基础的氏族公社制，男女平等，共同劳动，共同占有生产资料。而随着生产力的发展，剩余财富出现，于是出现了家庭单位。女性的劳动领域逐渐局限于家庭，而随着家庭外生产胜过家庭内生产，两性间的分工呈现出新的社会意义，男性所从事的生产和劳动占据重要地位，而女性的劳动与生产及其社会地位随之下降，两性不平等也由此产生。

3. 亲属与继嗣

亲属制度以继嗣为基础，继嗣有单系继嗣（unilineal descent）和复系继嗣（nonunilineal descent）之分，单系继嗣又包括父系继嗣（patrilineal descent）和母系继嗣（matrilineal descent）。个人的权利、义务、财产、社会地位（等级乃至种姓）以及民族属性等都是通过继嗣而先天获得的。①

传统的汉族社会就实行父系单系继嗣，财产只能由男性继承，因而只有女儿的人家通常会招上门女婿，婚后所生孩子随母姓，这实际上还是父系继嗣的结果——招婿是弥补没有男性继嗣人的一种手段。当然，在父系继嗣的社会中，女性虽无财产继承权，却能够通过结婚生子真正为男方家庭所接纳，并逐渐在日常生活中成为主导者，从而提升自己的家庭地位。

在主要由女性维持生计的社会中，母系继嗣占据优势，女性是群体

---

① 庄孔韶：《人类学通论》（第3版），中国人民大学出版社，2016年版，第200页。

经济和群体延续的重要角色。但与父系继嗣不同，女性并非权力的独享者，而是往往与自己的兄弟共享权力。例如，在实行母系继嗣制度的摩梭人中，舅舅在母系家族的日常生活和生命礼仪中都享有较大的权力与较高的地位。

继嗣规则还决定着婚后的居处原则。在父系单系继嗣社会中形成了"从夫居"，女子出嫁，其家庭便失去了一个有用的家庭成员，因而男方往往会对女方家进行补偿，聘礼就是一种补偿手段。出嫁的女子成为丈夫家庭的一员，但这并不意味着她就此与原生家庭断绝关系，她依然是娘家的女儿，拥有身份的双重归属。在典型的父系继嗣社会——如湖南湘西的一个苗族村落太平村中，出嫁的女子依然会参与和资助诸如父母大寿、父母出殡等重要的仪式，从而得以继续在娘家亲属集体和村落中参与社会活动。

二、与谁结婚：人类学婚姻制度研究

（一）婚姻为何不只是夫妻之事？

人们常说，结婚不是两个人的事，而是两个家庭的事。婚姻是合两姓之好，从订立婚约到举办婚礼，再到婚姻关系的成立和维持，都有双方家庭甚至亲朋好友的参与。这说明，婚姻在本质上是一种社会行为。

1. 伴郎伴娘的义务与牺牲

伴郎伴娘是一场现代婚礼上不可或缺的角色，作为新人的陪伴和代表，其在整个婚礼仪式中都发挥着重要的作用。尤其是在接亲环节，伴娘要想尽办法不让新郎和伴郎进门接走新娘，而伴郎则要代替新郎面对新娘亲友的"阻拦"和"刁难"。

在传统的苗族婚礼中，伴郎的选择和作用都带有其文化特色。苗族婚礼的伴郎以新郎的亲戚和好朋友为主，其人数多少与新郎家的经济条件有关。这样的选择既能够维持其与新郎家族的关系，又能够拉近其与村寨众人的距离。此外，伴郎伴娘互相"看对眼"的情况也不在少数。这样一来，由于伴郎伴娘均是新郎新娘的亲友，他们的结合就会使得男女双方家族间的关系更加亲密和稳固。可见，婚礼是社会关系联结的重要途径之一，是巩固"地缘、乡缘、亲缘"的重要手段，而伴郎伴娘无疑在其中发挥着重要的桥梁作用。

2. 从家屋到酒店：婚礼的变迁

婚姻是一种社会关系，而婚礼则是使这种新的社会关系得以实现，并向世人宣告双方身份以及两性关系合法化的人生仪式。从古至今，婚礼的仪式流程因时而化。

古代婚礼流程复杂，《仪礼·士昏礼》中记载："昏有六礼，纳采、问名、纳吉、纳征、请期、亲迎。"其中亲迎是六礼中最重要的环节，也是夫妻关系是否完全确立的基本依据。一般由新郎亲自去女方家迎娶新娘，至男方家行拜堂之礼，并在男方家宴请亲友宾客。

近现代以来，婚礼仪式出现去繁就简的趋势。在农村，婚宴更多是家宴、村宴，全村人倾力出动，使得整个婚礼得以顺利举行。婚礼是拉近乡里乡亲距离的场合，村民的帮助更是一种互利互惠的行为。在城市，婚礼更多地体现出传统与现代的有机结合，婚礼流程巧妙融合了传统的接亲过门和现代的城市酒店典礼：前半部分是传统婚俗的延续，后半部分则体现了个体的自主选择。婚礼的见证人也从过去的乡邻亲朋，到现在包括父母及新人的朋友同事等，范围不断扩大。

婚礼作为一种"通过仪式"，是新人明确自己身份转变的重要途径，也是形成新的姻亲关系的重要场合。传统婚礼的亲迎环节体现了女方家到男方家的地理意义上的转变，民间也有"嫁出去的女儿，泼出去的水"的俗语，这是"从夫居"在婚礼上的体现。而在现代，年轻一辈更加认可结婚是两个人各自从原生家庭独立并组建新的家庭的形式，新人与父母之间也形成了一种亲密而不紧密的代际关系。

3.嫁妆和彩礼

婚姻是男女双方家庭达成的一种契约，嫁妆和彩礼则是达成契约过程中的重要一环。现今，嫁妆和彩礼已然成为当代社会的热门话题。

"腾讯新闻·谷雨数据"发布的《2020年国人彩礼调查》显示，在彩礼问题上，超过六成的女性认为彩礼是男方诚意的表现；而近一半男性则认为彩礼是男方家庭背负的压力。

在人类学家眼中，彩礼带有补偿性质，男方家庭获得了新娘的劳动力及生育能力，因此必须对失去了一位有用家庭成员的女方家庭进行补偿。其他补偿形式还包括新娘服务（bride service）或是双方家庭的妇女交换等。同样，部分女性在结婚时也会带来一份嫁妆，这是父母财产中属于她的那一份，是在她结婚时带到男方家庭的资产，也是女性在离异或守寡时重要的物质支持。无论是嫁妆还是彩礼，其重要性都在于建立了一种互惠关系，从而使婚姻能够更好地维持下去。

（二）是否应该像我们这样？

1."一夫一妻"最"科学"？

关于婚姻形式的发展，历来有古典进化论和反进化论之争。摩尔根（Lewis Henry Morgan）作为古典进化论的代表，在《古代社会》（*Ancient Society*，1877）中正式提出"婚姻进化"的观点，指出人类婚姻是一个从杂交到专偶的进化次序。恩格斯在《家庭、私有制和国家的起源》中也重申了这一观点，指出从杂乱性关系的原始状态发展出以下几种家庭形式：血缘家庭、普那路亚家庭、对偶制家庭、专偶制家庭。

图4-1　古典进化论的婚姻形式

古典进化论在20世纪受到了反进化论的批判。马克思·韦伯（Max

Weber）在《经济通史》（*General Economic History*，1924）一书中否定了人类婚姻的单线进化模式，认为古典进化论没有足够的证据来证明婚姻的前后演进顺序。

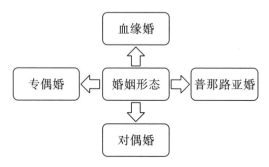

图4-2 反进化论的婚姻形式

小知识窗

神秘的摩梭社会

生活在中国滇川边界泸沽湖畔的摩梭人是典型的母系社会的代表群体。传统的摩梭社会并无现代意义上的婚姻制度，而是盛行走婚的风俗，看重两情相悦，感情自由，互不独占。此外，传统摩梭人虽以母系血缘为本，但并不贬低和排斥男性，而是强调尊母敬舅、两性平等，男女在母系大家庭中互补互助，各司其职。

甚至在"一夫一妻"被视作正统和主流的现代社会，我们依然可以看到一些反例。例如，中国滇川边界的摩梭人长期实行走婚的习俗，通过男性到女方家走访的形式实现性生活以及生育后代。其没有婚姻制度，也没有所谓的"夫妻"。此外，中国喜马拉雅山麓及青藏高原腹地的部分藏族迄今仍然流行着一种特殊的婚姻形态——"一妻多夫"制。正是当地独特的生态环境，以及经济发展水平等因素，造就了这种在现代较为罕见的婚姻形态。

2. 婚姻缔结的形式

婚姻不只有"父母之命，媒妁之言"，也不只是如今以爱为名的自由结合。纵观世界各民族，婚姻缔结的形式可谓百花齐放、数不胜数。

位于南美洲火地岛的奥纳人（Los onas），在与相邻部落发生战争时，会杀死对方的男子并强娶那里的妇女为妻。这种在没有得到女方及其亲属同意的情况下，以武力手段强行抢走女方的婚姻方式被称作"抢夺婚"。

在南北美洲的众多印第安部落、西伯利亚各民族，以及中南半岛和印度的许多土著部落，还盛行着"劳务婚"，即男子为娶妻而给女方家庭效劳服务一段时间的习俗。

除此之外，世界上还有媒妁婚、互换婚、收继婚、童婚、自主婚、买婚、同性婚姻等婚姻形态。

如今，互联网的兴盛甚至带来了一种新兴的婚姻方式——网络婚姻，即男女双方在网络平台上以虚拟的身份结合，甚至"生儿育女"，以虚拟的形式完成现实婚姻的诸多功能。

3. 表妹与表哥的关系

在现代社会，对兄妹之间的婚姻关系和性生活的禁止是人之伦常，但也有例外。在传统的彝族社会中，表兄弟姊妹是优先选择的结婚对象，而堂兄弟姊妹的性关系则被禁止。例如，云南境内的彝族，虽然支系众多，但普遍实行氏族外婚，有姨表不婚和姑舅表兄弟姊妹优先通婚的原则。"这从亲属称谓也可以看出：彝族对姨表兄妹的父母（姨父、姨母）的称呼和对自己父母的称呼相同，仅在称呼后面加排行以示区别。姨表兄妹之间、叔伯兄妹之间和同胞兄妹之间的称呼则是完全相同。"[①] 而姑表兄妹和舅表兄妹却是优先婚配的对象。如果放任姑家和舅家的适婚对象不娶或不嫁，转而另寻婚配，姑家或舅家就会以为对方看不起他们，由此可能产生纠纷，甚至导致双方关系的破裂。

---

① 中国人类学会：《人类学研究之三 婚姻与家庭》，江西教育出版社，1987年版，第194页。

第三节 何以为家，与谁同住

在现代社会，由父母和子女所构成的三口之家、四口之家等是家庭的主流形态。然而纵观人类社会，家庭的类型却是多种多样的，家庭内外由亲属关系所组成的社会网络也是复杂多变的。

一、何以为家

（一）避风的港湾何以形成

"家庭是一种具有共同居住、经济合作及生育等特征的社会群体。它包含男女两性的成年人，其中至少两个人维持社会认可的性关系，及他们所生育或收养的小孩。"① 当然，纵观人类社会，家庭的分类和构成并非一式一样。

1. 西方人类学的家庭分类

一个社会中可以有多种家庭形式的存在，且这种形式是动态而非静态的，而一个家庭的构成往往会受到经济、文化、历史以及生态环境的制约。一般来说，家庭包括核心家庭（nuclear family）和复合家庭（compound family）。

核心家庭，也叫小家庭，由一对配偶及未婚子女组成。核心家庭总是经济互助的，如共同养育子女，且成员间有很强的依赖性。常年生活

---

① 〔美〕乔治·彼得·穆道克：《社会结构》，许木柱等译，洪叶文化，1996年版，第1页。

在恶劣的极地环境中的因纽特人中便盛行核心家庭，丈夫负责打猎和建造房屋，妻子则承担烹饪和照顾孩子等家务，一家人在北极野地共同生活，相互依存。

与核心家庭这样小而相对独立的社会单位不同，复合家庭是一个庞大且复杂的社会群体。其主要包括一夫多妻家庭（polygamous family）和一妻多夫家庭（polyandry family），以及主干家庭（stem family，即由父母和一个已婚的儿子组成），扩大家庭（extended or joint family，也叫扩展家庭、联合家庭，主要包括有共同血缘关系的父母和已婚子女，或若干兄弟姐妹及其子女组成的家庭）。复合家庭里的成员，通过血缘关系或婚姻关系联结在一起，共同生活和劳作。

2. "无父无夫"的"家庭"

西方人类学对家庭的分类并不完全适用于全世界各地域和各民族，摩梭人便是地球上迄今为止发现的第一例，也可能是唯一的一例曾经既无婚姻制度亦无家庭组织的社会。[①] 他们长期实行走婚的习俗，男不婚女不嫁，其所谓的家庭是与母亲和兄弟姐妹共同的那个家。这种独特的形式与传统人类学对于家庭的定义大相径庭，甚至没有任何一种分类能将其容括在内。

摩梭人的社会的最小组织单位被称作"1he"（可译为"支系"）。它由纯粹的母系血缘亲属构成。摩梭人的支系与家庭存在着重大差别：从结构层面上说，摩梭人支系成员的社会身份同质，全部互为血亲；从社会条件和建构机制上说，摩梭人可以不引进非血亲而延续。这两种差别表明摩梭人支系与家庭在本质上相异。[②] 摩梭人也是人类学第一次发现的"无父无夫"的社会。

---

① 蔡华：《婚姻制度是人类生存的绝对必要条件吗？》，《广西民族学院学报》（哲学社会科学版）2003年第1期。
② 哈佛燕京学社，三联书店：《公共理性与现代学术》，生活・读书・新知三联书店，2000年版，第284页。

3. 出家、单身是否成"家"

"出家无复家，视身等云浮。"出家之人舍亲割爱，远离世俗，没有家庭。这个家，显然即人类学意义上的家庭。

在刘夏蓓教授关于甘南夏河尼僧出家原因的调查中可以发现，因生活所迫出家与出于对宗教的热忱和信仰出家的人占据绝大多数。出家行为不仅是一种宗教现象，也是一种社会行为。寺庙对于出家修行之人来说，某种程度上替代了传统家的功能，为其提供了经济和心灵的庇护所。

与传统认知中的出家之人不同，唐代郑熊的《番禺杂记》记载："广中僧有室家者，谓之火宅僧。"火宅僧，也叫带妻僧，结婚并有家庭，带妻修行，主要盛行于日韩等地。显然，带妻僧的生活和普通人并无两样，有妻有子，拥有自己的家庭。

家庭是一个历史范畴，随着社会历史的发展，家庭的形态也在不断发生变化。现今，当单身成为众多年轻人的选择，新的家庭形式——独身家庭——也就诞生了。独身家庭仅由一人组成，没有婚姻关系和血缘关系。这种家庭形式的普遍出现，一方面得益于物质条件的日益优越，另一方面也源于人口的城市化，当然，也不乏个人因素。

（二）传统是否离我们越来越远

1. 传统社会的中国大家庭

在"激流三部曲"《家》《春》《秋》中，巴金刻画了一个封建式中国大家庭——成都高公馆。高公馆以高老太爷为最高掌权者，共有五房儿孙。小说就讲述了这四代人的生活以及这个封建大家庭的分化与衰落。

像这样人口众多、规模较大、数代同堂的大家庭，是中国传统社会的理想家庭模式，符合当时的生产方式和传统文化。但大家庭的维持需要一定的条件，特别是经济条件，因此只有少数富户人家才能实现大家庭模式。对于穷人来说，维持大家庭是很不易的，绝大多数平民百姓主要还是以核心家庭或者主干家庭为主的小家庭。①

传统的中国大家庭是一个"同居共财"的生活单位，在这样的家庭中，家庭关系以纵向为主——亲子关系是家庭的核心，而不重视横向上的夫妻关系，亲属种类较多、关系庞杂。

2. 丁克家庭是否圆满

俗语中有"不孝有三，无后为大"的说法。生育是作为一个家族成员和社会成员的天然使命，也是为了婚姻稳固和家庭完整的应然选择。正如费孝通在《生育制度》里所说的，"从人类学者看来，社会结构中真正的三角是由共同情操所结合的儿女和他们的父母"②"在概念上家庭就等于这里所说的基本三角"③。没有孩子的夫妻关系被认为是不稳定的，如在广西的花蓝瑶（瑶族的一个分支）中，孩子的出生被认为是夫妇关系完成的条件。④

20世纪80年代，人们开始用"丁克"来形容没有子女的家庭，这个说法来源于英文"DINK"，即"Double Income No Kids"。从人类学的观点来看，"丁克"家庭显然是一种不完整的家庭结构，因为它缺失了关系家庭稳定的重要一环——孩子。

然而，选择"丁克"的人却越来越多，为什么年轻人不愿意生孩子？在《不让生育的社会》（ルポ産ませない社会，2013）中，日本作家小林美希（Miki Kobayashi）分析了日本"少子化"现象的原因。年轻人丧失生育愿望，折射出的是社会现实带来的压力与无奈，尤其是女性所面临的困扰。在这样看似不甚圆满的选择背后，既是年轻人对于高质量生活的追求，也是其面对现实压力的折中选择。

3. 同性家庭

在非洲的很多社会中存在着一种特殊的"同性婚姻"——"女性丈

---

① 潘允康：《婚姻家庭社会学》，北京大学出版社，2018年版，第137页。
② 费孝通：《生育制度》，北京联合出版公司，2018年版，第121—122页。
③ 同上，第126页。
④ 同上，第123页。

夫（female husbands）或妇女婚姻（woman marriage）"，如肯尼亚的南迪人（Nandi）便是如此。南迪人是一个父系群体，财产只传给男性继承者，因而无法生育的妇女通常会娶一个年轻女性，这个"妻子"通过与一个男子发生性关系来怀上孩子。在这样的婚姻中，"女性丈夫"和"妻子"分别扮演了婚姻中的"男人"和"女人"的角色。

南迪人对同性婚姻的选择来自其对生育的渴望，而现代许多同性家庭的出现则更多是基于自身的同性取向。如今，虽然同性婚姻在一部分国家已获得认可，但围绕同性家庭的争议依旧不断，人们普遍认为这样的家庭形式破坏了世俗意义上完满人生应有的架构，因为他们无法完成家的功能——生育子女。同性无法完成生育，因而常借助收养、代孕或"精子银行"等方式拥有子女，而这又常常带来一些伦理问题，如在社会和家庭的施压之下，骗婚、"同妻"的出现等。此外，同性家庭的孩子能否健全成长也是人们担忧的问题。

二、家庭内外：谁是我的亲戚

（一）家庭之内，与谁同住

从世界各地民族的情况来看，婚后的居处模式多样，但选择不是任意的，而是受到了生态环境和文化环境的影响，主要有五种模式。

其一，从父居（patrilocal residence），即一对已婚夫妇与男方的父系亲属共同居住的居处模式。该模式主要发生在依靠畜牧业或者集约农业的社会中，由男性掌握经济和政治权力，女性的原生家庭则可以因为失去一个有用的家庭成员而获得一定的补偿。

其二，从母居（matrilocal residence），与从父居相反，即已婚夫妇与女方亲属共同居住。该模式主要流行于园艺农业社会，女性拥有土地使用权和农作物。但在从母居模式中，男性通常并不远离原来的家庭，因而女方也无需对男方做出经济补偿。比如，霍皮族（Hopi）就实行从母居。

其三，两可居（ambilocal residence），即从母居和从父居均可的模式。该模式在以寻食为生的民族中最为常见，因为这可以增加找到食物的概率。新婚夫妇可以自由选择加入哪一方家庭，实现资源和劳动力的最优化。比如，缅因州海岸线的半岛和岛屿的居民就实行这一制度。

其四，新居制（neolocal residence）指一对已婚夫妇离开双方亲属自立门户的居处模式。其主要诞生于核心家庭独立性受重视的地方，多见于商业化社会，当代都市社会大多如此。

其五，从舅居（avunculocal residence），即夫妇婚后共同居住在丈夫舅家的习俗。其主要发生在母系继嗣群，是缓和母系继嗣制度与男性利益之间矛盾的一个最常用的办法。比如，特罗布里恩群岛的居民便实行从舅居。

（二）继嗣界定依据：谁是法定继承人

继嗣，即承继后嗣，延续后代，在系统上确定上一代和下一代的关系，这种联系为该社会所认可。[①] 继嗣群体是指任何一个得到公众承认的社会实体，它要求其成员必须是从某一特定的真实或传说的祖先繁衍下来的直系后代。[②]

什么样的人具有继嗣资格，而什么样的人又被排除在继嗣成员之外？这就要求对继嗣群体的成员资格进行界定。人们通常会根据其住在哪里来界定。例如，在实行从父居的社会里，绝大多数都采用父系继嗣，实行从母居的社会则与此相反，采用母系继嗣。此外，人们还可以灵活地在几种方式中进行选择，但这种自由也会带来各个群体间的竞争

---

① 庄孔韶：《人类学通论》（第3版），中国人民大学出版社，2015年版，第199页。

② 〔美〕威廉·A.哈维兰：《文化人类学》（第10版），瞿铁鹏、张钰译，上海社会科学院出版社，2005年版，第288页。

和冲突。另一种方式是使性别具有法的意义，也就是说，通过确定的性别来确定成员资格，在出生时就规定好该成员是归属于父亲还是母亲的群体，并终身保持不变。

父系继嗣和母系继嗣都属于单系继嗣。除此之外，同时选择男女双方为双系继嗣（bilineal descent），女性追溯母系而男性追溯父系为平行继嗣（parallel descent），可以自由选择母系或父系的为两可继嗣（ambilineal descent），双边都可以追溯继嗣则为双边继嗣（cognatic descent）。

纽约市的犹太人便是北美社会中双边继嗣的典型例子，其最初的继嗣群体叫家庭圈，一个家庭圈的潜在成员由一对祖先的所有在世的后代及其配偶组成。家庭圈的成员资格由血缘决定，包括男女双方的亲属，个体可以加入多个"圈"，每个家庭圈都拥有公共资金，致力于促进团结。第二次世界大战后，年轻一代的犹太人发展出一种两可继嗣群体的变体——堂表兄弟姐妹俱乐部。他们试图与老一辈成员区分开来，但仍把维持家庭团结视作首要任务，两可继嗣仍然是其首要的组织原则。

（三）亲属关系网络何以形成

社会是由各种错综复杂的人际关系组成的网络，而人际关系中最重要、最基本的便是亲属关系。亲属是从婚姻和生育中生长出来的社会关系，它和生物性的血缘关系总是不尽相同。在不同的民族和社会中，相同的血缘关系往往对应着不同的社会关系。

1. 堂表兄弟姐妹最重要

在《社会结构》中，穆道克将世界上所有民族的亲属称谓分为六类：爱斯基摩制（Eskimo system）、夏威夷制（Hawaiian system）、易洛魁制（Iroquoist system）、克劳制（Crow system）、奥马哈制（Omaha system），以及苏丹制（Sudanese system）或者描述制（Descriptive system）。每一种制度都根据堂表兄弟姐妹的归类方式来辨别。

　　夏威夷制是最简单的亲属称谓制，同一辈分、同一性别的亲属称谓都相同。

　　爱斯基摩制强调核心家庭，核心家庭成员诸如父母和兄弟姐妹都有单独的称呼，而对其他同辈亲属的称呼则相同。

　　在易洛魁制中，父亲和其兄弟共用一个称谓，母亲和其姐妹共用一个称谓，父亲的姐妹和母亲的兄弟则各有其称谓。而父亲兄弟的子女与母亲姐妹的子女（即平表兄弟姐妹）用同一个称谓，父亲姐妹的子女与母亲兄弟的子女（即交表兄弟姐妹）的称谓也相同。

　　克劳制没有对代际称谓进行区分，父亲一方的交表兄弟姐妹与父母一辈的称谓相同，母亲一方的交表兄弟姐妹则与自己的儿女一辈等同。

　　在奥马哈制中，母亲和其姐妹称谓相同，父亲和其兄弟称谓也相同，平表兄弟姐妹和自己的兄弟姐妹称谓相同。父亲一方的交表兄弟姐妹降低一个辈分，母亲一方的交表兄弟姐妹则提高一个辈分。

　　苏丹制或描述制，对亲属的称谓比其他制度都要精确，母亲的兄弟与父亲的兄弟的称谓不同，父亲的兄弟与父亲的称谓也不同；母亲的姐妹与父亲的姐妹的称谓不同，而母亲的兄弟与母亲的称谓也不同；每一个堂表兄弟姐妹的称谓都彼此区分，并且和自己的兄弟姐妹也有所区别。

2. 亲属隐喻的扩展

　　费孝通先生以"扩展"来形容亲属关系的发生过程，从夫妇关系出发，配偶的父母和兄弟姐妹等都包含在亲属范围内。"亲属的基础……是抚育作用。"[①] 虽然家庭是抚育的核心单位，但抚育并非只局限在家庭之内，有时也需要由父母以外的人来承担，而"亲属是给抚育任务扩展的一个可利用的原则"[②]。对于亲属的选择，往往需要考虑情感和居处因素。在这样的背景之下，婆婆往往成为抚育孩子的首要人选。

---

① 费孝通：《生育制度》，北京联合出版有限公司，2018年版，第249页。
② 同上，第250页。

中国改革开放以来，农村流动人口不断增多，大部分年轻夫妻选择外出务工，这极大地冲击了传统的婚后居处模式以及婆媳关系。传统的从夫居逐渐被新居制所替代，留在家中的孩子则经常交由婆婆照看，婆媳关系也逐渐从传统的主从型关系变为一种平等的关系。甚至在有的家庭中，传统的权威性孝道让位于互惠性孝道，代际之间更多的是一种互惠互利的关系，婆婆帮助夫妇俩照顾孩子，以此换取晚年生活的保障。这样的代际关系甚至导致了"最后一代传统婆婆"的出现。"最后一代传统婆婆"指那些年轻做媳妇时受气，成为婆婆后又丧失了权威的妇女。① 婆婆对儿子婚姻家庭的贡献多少变成了衡量婆婆地位以及媳妇对婆婆是否孝敬的决定性条件。如果婆婆对儿子的家庭付出不够，儿媳便有理由名正言顺地不孝顺。

◇ **本章小结**

因为性别是文化界定的，所以"男人"可以是女性，或者"女人"也可以是男性，这样说是对的吗？人类学在破除种族主义的前提下，从文化的角度对婚姻进行了定义，对人类多元化的婚姻方式进行了文化分析。这打破了我们在西方婚姻制度下形成的婚姻观念。家庭也因此变得更为多样，家庭采取的特殊形式与特定社会、历史和生态环境均有关系。

本章重在打破我们传统的性别认知和性别观念，更重要的则在于从人类学的角度对女性主义研究进行重新审视。此外，将其纳入婚姻与家庭进行思考，其实是将"他者"与"自我"进行实质的结合后，对"自我"更深度的认知，是对作为"个体"人迈入"群体"人的关键维度进行的综合性分析。

---

① 笑冬：《最后一代传统婆婆？》，《社会学研究》2002第3期。

◇ **关键词**

社会性别　女性主义　性别人类学　家庭　婚姻　亲属制度

◇ **思考**

1. 如何理解妇女"代孕"与世界"弃婴"现象？

2. 新的生殖技术对亲属关系和性别的影响有哪些？

3. 家庭应该继续存在吗？

◇ **拓展读物**

1. 〔芬兰〕爱德华·亚历山大·韦斯特马克：《人类婚姻史》（版本不限）

2. 费孝通：《生育制度》（版本不限）

3. 周华山：《无父无夫的国度》（版本不限）

第五章

食物从哪里来：生计模式与文化演化的底层动力

　　食物是人类生存的根基。万物的生长都需要营养和能量的供给，人也不例外。长期缺乏食物，健康就会受到损害，甚至会危及生命。因此，获取食物是人类生存的第一要义。食物还是人类文化的标志。可供人们"吃"的那些食物，是人类行为与自然环境相互作用而成的"结晶"。可以说，食物的变迁史就是人类的文明史。

　　本讲以人类和食物之间的关系为线索，试图通过人类历史的演进，从获取食物、生产食物、交换食物的角度，考察不同社会饮食文化格局的形成，一起领略狩猎采集社会、游牧社会、农耕社会、工业社会等不同社会形式中人们各具特色的生计模式。

第一节　匮乏还是丰裕："寻食"引发的争议

大自然中生存着万事万物，有一部分是"可吃的"。这对于早期人类来说，是来自大自然的馈赠。人类直接猎取、采摘在大自然中生长的动植物，以之为食，这种行为即"寻食"。从事寻食生计的人，被称为"寻食者"，或"狩猎-采集者"。

一、大自然的馈赠

（一）渔猎：获取肉食

获取肉食是人类发展中极其重要的一环。对人类来说，吃肉能有效地抵御饥饿，避免花费大量时间在进食上；同时，肉类中丰富的营养成分有助于大脑发育，使自己变得更加聪明，以逐渐在自然界中占据优势。人类食用的肉类包括来自陆地和水里的各种可食用生物。

黑龙江流域的新开流遗址出土有10个鱼窖，还有大量用鱼骨制作的工具和配饰，这说明当时在这一地区活动

小知识窗
许家窑遗址中的猎马人

在许家窑遗址出土的化石中，有大量马科动物化石以及可能用于狩猎的石球，这反映出生活在旧石器时代的古人类已经掌握了一定的狩猎技巧，他们能够采取主动狩猎的方式获取马科动物的肉类资源。因此，考古学家将居住在此地的人群称为"猎马人"。

的赫哲族祖先已经在捕鱼技术上有了一定程度的发展。[1]在此地发现的鱼窖呈圆袋形，发掘时窖中还贮藏有大量完整的鱼骨，表明该窖的作用是储存鱼类。在遗址的地层堆积中亦发现有大量的碎鱼骨，说明这里的人类在漫长的生活实践中已感觉到食用鱼肉的好处。鱼肉细腻鲜美，不仅好吃、营养丰富，而且易于消化，比兽肉更适合老人和儿童食用。这种以捕鱼为主的饮食习惯，在黑龙江地区一直延续到近现代。居住在黑龙江地区的赫哲族，在中华人民共和国成立之前仍保有"捕鱼作粮"的生活习惯。

（二）采集：以植物为食

植物通过光合作用给人类提供了生存必需的氧气、能量和食物，它们作为一类自养型生物，目前大约有30余万种。人类甚至可以说所有生物都要直接或间接地依靠植物来获得生存和发展。从古至今，可以作为人类食物的植物难以统计，不同地区的人们依据各自地域的供给，采集不同的植物来当作食物。从进化的角度来说，人类的机体最开始是为食素而设计的。

气候是决定人们可以吃什么的重要条件。在寒冷地带，人们主要猎杀大型动物，极少能吃到植物；而越临近热带，物种越丰富，人们能采集到的植物也就更加多种多样。事实上，我们仍能从今天人们的饮食习惯上探知这种传统的延续，比如在北半球，北方居民更喜吃肉类，南方居民则拥有更多品种的果蔬。

采集者会充分利用植物可食用的部位，包括花、果、叶、茎、根。由此，他们积累了丰富的植物知识，既要知晓哪些环境适于生长什么植物，还要知道哪些植物的哪些部分可以提供更多的营养。了解对人体有危害的植物种类也是人们必须掌握的技能，否则人们可能会面临生命危险。

---

[1]　滕宗仁：《谈新开流文化》，《学理论》2008年第18期。

与捕猎相比，通过采集获得食物的方式通常只需要个人完成，不需要消耗过多体力，且采集地点通常离家较近。

二、当代的寻食生活

（一）北美印第安人捕捞三文鱼

每年5月，加拿大西部沿海印第安社区的成员们会聚集在一起，围成圆圈，击鼓、唱歌、祈祷，庆贺长达三四个月的三文鱼捕捞季的开始。尤其是盛夏时节，加拿大西海岸的"春城"温哥华总会出现这样一种自然奇观：成群结队的鱼，从宽阔的太平洋而来，进入沿岸的淡水河流；鱼群逆流而上，需要跳过一个个小瀑布，最终回到它们的出生地——三文鱼孵化地。

这种现象被称为"三文鱼洄游"。在长达三四个月的时间里，当地的印第安人会和家人一起，在河边的小木屋里住上一段时间，撒网捕捞三文鱼。他们将捕捞到的三文鱼晾晒、风干、保存，在节日和聚会时做成美味的食物。对于他们来说，三文鱼洄游既有延续生命的现实意义，又有生命复苏的宗教意义。

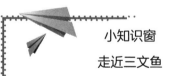

小知识窗

走近三文鱼

"三文鱼"其实是商品名，其学名是鲑鱼。洄游的鲑鱼属于海水鱼类，当它们被引进香港市场时，通过音译被定名为"三文鱼"。中国东北部、日本和俄罗斯的西伯利亚地区的大马哈鱼，也属于鲑鱼的一种。在距今5000多年前的北美沿岸部落遗址中就有三文鱼作为食物的残骸，这说明三文鱼在当时已经是人类的食物之一。直到今天，三文鱼仍被沿海印第安人视为上天赐予的美味食物。

北美印第安人季节性地捕捞三文鱼是当代社群的寻食行为。当然，三文鱼并非他们全部的食物来源，捕捞三文鱼更像一种混合了经济、娱乐和信仰的传统行为。不过，在现代社会，仍有约25万人——约占全球60亿人口的0.004%——以寻食活动为主要的谋生方式，比如澳大利亚的原住民、加拿大和阿拉斯加的因纽特人、部分东南亚沿海岛屿上的居民等。

（二）古今寻食生活的异同

尽管今天的森林、沙漠、岛屿和极寒地区仍存在寻食现象，但当代的寻食经济与一万多年前的寻食行为已经有了很大的差别。

在农耕技术发展起来之前，寻食是人类唯一的生计模式。人们依赖大自然的赠予，靠山吃山、靠水吃水。这就决定了一万多年以前的人类主要居住在环境适宜、物产丰富的地区。而今，富饶的地区早已被食物生产业及其供养的大量人口占据，寻食者们多分布在条件艰苦的地带。在这些地区，从事大规模的食品生产所付出的劳动远远大于寻食的艰辛，所以这些人才延续着寻食行为。然而，即便是居住在最遥远地区的人群，仍然处于全球食品工业的网络之下，或多或少会依赖食品生产提供的食物，并与食物生产者有所来往。

如果从世界经济体系多样性的角度看，寻食者提供的货物一直是令人惊喜的商品，如狩猎者提供的动物皮毛，捕鱼人提供的鱼类、贝壳、珍珠，采集者提供的菌类、燕窝、蜂蜜等。在人类历史上，寻食是从不曾缺席的一项经济技能。

三、匮乏还是丰裕

（一）"孤独、贫困、下贱、野蛮和匮乏的"

哲学家托马斯·霍布斯（Thomas Hobbes）曾经认为寻食社会是"孤独、贫困、下贱、野蛮和匮乏的"。这符合长时间以来人们对石器时代人类的一般印象。习惯了科技昌盛、物质丰富的现代生活，人们难免想象寻食者们过着食不果腹、衣不蔽体的生活。试想，那时的人们技术水平低下，无法把食物生产掌握在自己手里，而要和野生动物一起去竞争自然的供给，这种情形是现代人很难接受的。

（二）萨林斯眼中的幸福生活

然而，美国人类学家马歇尔·萨林斯有不同的看法。他在《石器时代经济学》一书中称人类的寻食阶段为"原初丰裕的社会"（original affluent society）。他认为这是一段人类与地球和谐相处、令人向往的美好时光。在萨林斯看来，实现丰裕有两条路可以走：要么多生产一些，要么需求少一些。如此，人们的"欲求"便能轻易满足。在狩猎采集社会中，人们过着男猎女采、共同劳动、平均分配的生活，欲求极简，几乎不苛求食物以外的物件。因此，他们的所得与所求便达到了平衡。

原始人类为了寻找食物，常常需要迁徙，没有固定的住处，而多余的食物或者财产只会成为他们的累赘，所以他们过着一种"不要就不缺"的富足生活。每天获取食物的劳动时间虽短但收获颇丰，人们知足常乐、认为食物够吃就行，不存在"贫困"的概念。人们是为使用而生产劳动产品，不是为了交换。由此看来，这种社会劳动效率高、闲暇时间充裕。

（三）争论还在继续

尽管萨林斯提供了有理有据的论证，但大多数人类学家依旧相信，狩猎采集社会对应的是贫乏，而非丰裕。从自然资源与人口的对比上看，大自然的原生供养能力相当有限，仅仅是喂饱一个人的肚子，就需要广袤的土地。按养活一个25人组成的群体来估算，加州克拉玛斯（Klamath）的印第安人需要15平方千米的土地，非洲的哈德扎（Hadzabe）土著则需要163平方千米，以猎取驯鹿为生的因纽特人甚至需要6400平方千米的生存区。低水平的技术使得人口增长受到极大限制。

从应对风险的角度看，狩猎采集社会无法应对自然的巨变。一旦极端气候降临，食物短缺和极端天气必然带来巨大灾难，甚至有物种灭绝的风险。一个仅能维持生存而缺乏技术和物质文明的社会，是非常脆弱的存在。

总的来说，大自然向人类提供了各种各样可吃的兽类和鱼类。为了获取更多更优质的肉食，原始人类不得不发挥他们的智慧，消耗更多的体力，团结合作，共同狩猎，共同捕鱼。食物的确能够满足人类最基本的生存需要，但获取食物的方法也正好体现了人类的生计模式与文化的演化。

第二节　驯化自然：生产食物的社会

人类从寻食者转变为食物生产者，这一变革始于9000～11000年前。具体而言，生产食物指的是栽种植物和驯养动物，也就是用工具和技术控制动植物的生长方式，以便使人类获得稳定的食物来源。这一革命性的事件改变了人类历史，也改变了人类社会的性质。

一、"逐水草而居"的畜牧社会

畜牧业即动物饲养业。人们通过放牧成群的啃食牧草的动物，从它们身上获取可食或可用的肉、蛋、奶、皮、毛等物品，或把它们当作工具来使用。人类可以进行大规模动物饲养的前提是驯化了某些有利于人类的动物。

（一）"狗"是什么

"狗"是最早被驯化的物种。人类是何时驯化狗的？现在的考古证据表明，最早在距今1.6万年前，中东地区的狗就被驯化了；1.4万年前，南亚、东亚也出现了驯化的狗。据推测，大多数的狗是从灰狼的一支驯化过来的。

1.6万年前，人类的祖先已经可以猎杀比自己力气大、跑得快的各种动物，因为他们已会使用火，可以用石头作为武器，还会团队协同作战。人类会把吃剩下的骨头扔在一个地方堆起来，骨头的味道把离人群最近的那批狼吸引过来，这样就会有没来得及跑的小狼被人抓起来饲养，而被饲养的小狼在成年之前会自发地表现出对人的服从。养的时间长了，这些狼还能帮人类守夜。人听不到的那些异常动静，它们会先察觉到，然后嗷嗷叫以示警，有的时候甚至会冲出去把埋伏起来的其他肉食类动物赶走。久而久之，这批被驯化的"狼"就演化成了"狗"。

（二）不只是食物

对动物建立起绝对优势之后，人类就从众多动物中独立出来，从与动物的相互竞争变成了对动物的利用。

人类利用动物的方式，一是捕猎，二是驯养。捕猎的对象是野生动物；而驯养的是能被驯化的物种，如羊、牛、马、骆驼、驯鹿等。它

小知识窗

驯化，是人类改变动植物生长方式、使之服务于人类的特定手段。人类对动物的驯化，是指通过人为干涉将野生动物从自然生长生活的状态变为人工控制下的状态这一过程。人类对植物的驯化，则是让野生植物适应于农业生态环境和人类偏爱的人工选择过程。虽然驯化的方式方法在历史发展中迥然不同，但种种事例表明，驯化是一种循序渐进、持续进行，并不容易定义起点和终点的过程。

们在与人类长期的共生共栖中，逐渐改变了原有的生长节律和生长形态，成为更好的食物来源和更好的生产工具。

牛是一种专性食草动物。它们体质强壮，背部有强大的肌肉群，能够替人耕田、拉货，并为人们提供乳制品和肉制品。马在古代主要用于交通运输和战争，在人类历史上起到非常重要的作用。北美平原地区的印第安人还利用马来帮助他们捕猎水牛。此外，马乳是游牧民族的食品，尤其适合酿造"马奶子酒"。生活在北欧的萨米人驯化了驯鹿，用它们来拉车和拉雪橇。总之，动物在人类社会中有着不容忽视的功用。

（三）大地的漫游者

世界各地都分布着牧人，亚洲、欧洲、中东、北非和撒哈拉沙漠以南的非洲地区，都有大面积的畜牧业。牧人跟随动物放牧并进行迁徙，他们把社会的整体搬迁视为常态。由此，他们与扎根于土地的农业定居者形成了不同的文化价值观。

在中国，畜牧文化是与农耕文化具有很大区别的文化类型，是中华文化系统的一个重要组成。在新疆的伊犁地区以及最北部的阿勒泰地区，生活着具有悠久历史的游牧民族——哈萨克族。千百年来，哈萨克族牧民逐水草而居，随着季节的变换而进行南北转场，每年的牧道就是他们永远流动的家园。在转场的路上，驼队、马群和成千上万的牛羊浩浩荡荡，所过之处尘土飞扬。每一次的转场路程有几百上千千米，时间长达半个多月甚至一个月。到达了当季牧场，人们安营扎寨，在这里度过一两个季度的放牧时光。

畜牧经济能够充分地利用生态系统来辅助生产生活。在干旱、寒冷以及分布着很多岩石的地区，土地并不适合耕种。在这里，被牧养的食草类动物通过啃食苔藓、地衣和草，能够有效地把对人无用的植物转化成动物身上的脂肪和蛋白质，并最终对人产生作用。如此便可以高效率地使用当地的资源。同时，牧民和畜群的"转场"，也给予当地生态系统以足够的时间来进行植被修复。总之，畜牧业是基于地方环境的特性而发展起来的经济类型。

二、扎根土地：农业革命的深刻影响

农业指栽培农作物和饲养牲畜的生产事业。

（一）一粒种子的进化史

小麦是世界上最重要的粮食作物之一，也是人类最初采集的以种子为食的禾本科植物当中的一种。[①]我们不难想象，在人类祖先尚处于采集野果的时期，自然界中的花花草草由于分布广泛、生长茂盛而彼此之间发生自然授粉的现象是极为常见的。久而久之，人们会对那些籽粒大而饱满，比较容易断节脱粒的植物更加青睐。因为对于没有什么收割工具的先民来说，只需抖一抖便可以收集到麦粒，这样的食物获取方式再方便不过了。他们将带有芒和壳的麦粒放在火上烤熟，去除外壳，诱人的焦香便会扑面而来。

---

① 佟屏亚：《小麦的进化》，《化石》1977年第4期。

　　1万余年前，地球经历了一场气候剧变，即"新仙女木事件"。长达1300年的全球性强变冷天气导致新月沃地上的动植物资源大量减少，处于绝望中的西亚先民们不得不尝试种植植物、收获粮食，由此便形成了人类最早的农业。[①]被西亚先民首先利用的小麦，自然成为人类首批驯化的农作物之一。第一种驯化的野生小麦是一粒小麦，1.06万年前已经在今土耳其东南部山区驯化。紧随其后的是二粒小麦。大约8000年前，在外高加索到伊朗北部的里海沿岸，栽培的二粒小麦偶然与节节麦（Aegilops tauschii）发生天然杂交，最终形成了普通小麦。由于普通小麦有更强的耐寒性，很快就取代了早先的一粒小麦和二粒小麦，成为今天栽培最广的小麦。[②]此后，小麦从西亚向四周传播，逐步成为世界上的主要农作物品种。[③]例如，两河流域的美索不达米亚文明、尼罗河流域的古埃及文明、印度河流域的古印度文明，以及后来的古希腊文明和古罗马文明等，都是建立在以小麦为主要粮食作物的农业生产基础之上的。

　　作为四大文明古国之一，中国对小麦的栽培也受到西亚的影响。[④]距今5000多年前，小麦传入中国后，逐步取代了华夏先民种植了数千年的粟和黍，成为中国北方旱作农业的主体农作物，并因此形成了中国"南稻北麦"的农业生产格局。由此看来，小麦可以算作人类极为成功的驯化植物。但反过来一想，小麦从无足轻重的野草变成了无所不在的粮食作物，完成了上万年的生存与繁衍，甚至迫使人类投入越来越多的精力来培育它们，这又何尝不是小麦对于人类的一种"反向驯化"。

---

① 魏益民：《中国小麦的起源、传播及进化》，《麦类作物学报》2021年第3期。

② Wang J R, et al. Aegilops tauschii single nucleotide polymorphisms shed light on the origins of wheat D-genome genetic diversity and pinpoint the geographic origin of hexaploid wheat. *The New phytologist*，2013，198：925-937.

③ 魏益：《中国小麦的起源、传播及进化》，《麦类作物学报》2021年第3期。

④ 李裕：《中国小麦起源与远古中外文化交流》，《中国文化研究》1997年第3期。

（二）刀耕火种：循环利用土地

"刀耕火种"是对非集约化农业生产方式的形象描述。"刀"和"火"代表这种耕作方式所需的两种工具。"刀"指的是人们用刀来清除一块土地上自然生长的植物，"火"是指人们用火焚烧砍下的植物和植物的根。经过"刀砍"和"火烧"，这片土地就成了松软的、铺满草木灰肥的土地了。这种土地不能年年耕种，需要不定期的休耕。

在中国的云南省，早在公元前1260—1100年的商朝后期就采用刀耕火种、土地轮休的方式种稻。公元前1世纪以后，随着移民屯田，滇中、滇西地区的刀耕火种逐渐减少，但边远山区仍保留此种耕作方式。苗族和瑶族是历史悠久的民族，最初形成于中南地带，很早便频繁与汉族接触交往，因此农业出现较早。他们居于深山险阻之地，因此长期从事刀耕火种农业，并辅之以狩猎采集。苗族中虽不乏耕种水田者，但仍主要采取流动性极大的刀耕火种的方式。这种耕作方式没有固定的农田，农民需要先把地上的树木全部砍倒，对大树则是先割去一圈树皮，让它枯死，然后再砍倒。已经枯死或风干的树木被火焚烧后，农民就在林中清出一片土地，用掘土的棍或锄，挖出一个个小坑，投入几粒种子，再用土埋上，靠自然肥力获得粮食。

一旦土壤失去了肥力，或恢复成原来杂草丛生的状态，人们就需要舍弃这片土地，转而到另一块土地进行耕种。过了几年，待这块土地重新长出树木，人们又回到这里，开始新一轮的刀耕火种。这种移动耕作的办法，能最简便地使土地得到有效的休息，维持肥力。

（三）驯化土地：精耕农业的效率

与刀耕火种式的农业相对的是精耕农业。精耕农业对土地的利用程度更深入，需要投入更多的劳动力与时间。相应地，精耕农业的产出也远远超过了刀耕火种式的农业生产效率。

精耕农业的农民与土地紧紧地联系在一起。农民每年都在同样的土地上耕作，有的土地在种植中一年轮换农作物数次，以养地力。为了更好地生产，各地的人们发明了不同的农具，如犁、耙、锄、铲、镰刀等。农民还驯养动物来帮助耕种，比如亚洲的水稻种植者使用牛来进行犁耕。此外，动物的粪便还可以用作肥料。在这种生计模式中，人、动物、植物和土地构成了有机的系统，人们也因土地的高度利用而发展为定居生活。

精耕农业的突出代表是梯田。梯田是对分布在山区的水田的形象化说法。"梯"表现出人们把起伏不平的山坡开垦成为台阶状田地的画面，也体现了山地农民劳作的艰辛。哈尼梯田是人类根据自己所处的自然地理环境，经过长期的生产生活实践而探索出的独特土地利用方式。不仅科学有效且兼顾了生态和环保，呈现出了以梯田为中心、以水系为依托逐渐向外展开的"田-水-人-林"生命之网。我们思考一下便可以知道，人们之所以在山坡上耕作，主要原因是人多地少。为了供养数量不少的人口，人们不得不利用倾斜的山地地形，以提高土地使用率。这种古老而普遍的耕作方式，分布在亚洲、南美洲、非洲等多地。

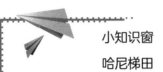

小知识窗
哈尼梯田

2013年，云南红河哈尼梯田文化景观入选为联合国教科文组织评选的世界文化遗产。哈尼梯田不仅仅是简单地拥有可供开垦的土地，而是一个由梯田、水利、村寨、山林共同构成的综合性生态系统。梯田，是整个生态系统的核心区域，也是哈尼族赖以生存的根本；水利，是流通于整个系统的"搬运工"，夏秋灌稻、冬春涵水、冲水肥田；村寨里居住着当地的哈尼族人，他们建造独具民俗魅力的房屋，世世代代维系和控制着梯田的运转，是大地的"雕刻家"；山林，是指附近山间丰富的森林资源，以常绿阔叶林为主，具有涵养水源的功能，充当"后备军"的角色。

三、工业时代的人与食物生产

工业兴起以后，人类学家把历史上出现过的谋生策略分为工业生产和非工业生产。寻食、畜牧业和农业都是非工业生产。在非工业社会中，人与人的关系更为密切，人根据自己与他人的关系远近而确定自己所承担的责任，社会分工建立在人际关系网络的基础之上。而到了工业社会，金钱成了调配资源的媒介，人和物一样能被"计算"成某种"价格"，人性与社会因素便被剥离了经济性的领域。

（一）什么样的乡愁

人类作为大自然忠实的儿女，总是尝试在特定的物质生产环境中开辟出新的文化空间。回顾人类的发展史，大自然的先决条件往往会在很大程度上影响其社会物质的产出。

对于游牧民族来说，草场在哪里，牛羊在哪里，那里便是他们的"家乡"，因为马、牛、羊的驯养都离不开草场。他们会把土地当作自己的财产对待，即使他们从来不会选择固定这种财产，但每一个停留处的自然资源都共同为各个游牧部落暂时利用。不过，即便游牧民族需要使用土地，也不会选择农耕民族的模式而固守一地，而是会按照游牧生产要求对游牧地进行选择，按照游牧生产规律进行流动，这便是游牧民族逐水草而居的生活方式。

对于农耕民族来说，有地便是家，因为他们的生产生活离不开土地。他们便会在田野中精心雕琢，培埂划地。游牧民族的"草地"在农耕民族眼中是闲置的"荒地"，有待开垦耕种。而在农耕民族看来，越是水草丰美的草场，越值得改良和种植，否则便是对资源的浪费。倘若有迁徙到草原地带的农耕民族，他们也会寻找可供开垦的荒地。在他们的认知中，到草原定居就是开辟了新的安身之所，是为了满足自己的生存需要。因此，开垦草原，种植谷物，按照农耕田园的样式在草原上修建自己的新家园，这些都是顺理成章的事情。

除此之外，在以狩猎为主的群体看来，山林则是其"家乡"，因为那里既可以给他们提供食物，又可以成为庇护所。而在以捕鱼为生的群体看来，江海是他们的食物来源之地。不同区域的不同群体都只能在既定的自然地理生境中适应、利用和改造其生存条件，做大自然忠实的"客居者"。

（二）工业时代的"甜"

工业经济当然绝不仅仅是生产了食物。它是在技术发展的支持下重组生产资料、生产人类一切所需物品的庞大系统。到了这一阶段，经济就成为一个独立的领域，人们之间的经济关系也和亲属关系、地缘关系不再相关。

在这个阶段，食物生产出现了新的现象。农业和畜牧业虽然仍是食物生产的基础，继续给世界人口提供主食、肉类和果蔬，但机器劳动的介入，使得生产食物更为高效，还让食物的种类更为多样化，甚至产生了各种人造食物，极大地满足了人们的口腹之欲。

以人获取"甜食"为例，人类普遍对甜味有好感，因为糖可以给人的大脑提供能量，还能让人心情愉快。在狩猎采集时代，人们喜欢吃到甜甜的水果，还会特意找特别甜的蜂蜜。在农业发展起来之后，人们把甘蔗变成了农作物，享用甘蔗甜蜜的汁液。到了19世纪后期，工业生产"糖"的时代到来：农民大量生产甘蔗和甜菜，使用化肥和杀虫剂增大它们的产量；收割之后，工人用机器提取出精制糖，制作成各种各样的糖制品，或掺入各类食物中去。这样一来，现代人就能以便宜的价格购买到糖，并比以往任何时代的人都能更方便简单地享受幸福的甜味。

然而，廉价而美味的"甜"给人们带来的是无限的幸福吗？由于甜食唾手可得，不少人因食用过量而造成蛀牙、肥胖等一系列健康问题，还有患上糖尿病、心血管疾病的风险。所以，对糖的摄入应注意适可而止。

本小节以食物的生产为线索，分别探寻了畜牧社会、农耕社会、工业社会中人类与食物的关系。值得注意的是，在不同历史时期，食物所承载的意义也不同。

第三节　交换食物的社会

人们不总是靠自己采集、猎取或生产食物。从狩猎采集社会开始，分享和交换就是食物流通的途径。到了工业时代，生产和消费越发分离，越来越多的人不直接从事生产，而靠交换来获得食物。

一、慷慨的送礼者

（一）舌尖上的哈萨克族"冬宰节"

冬宰在哈萨克语里叫"索和木巴斯"，有"尝冬宰之鲜"的意涵。每当冬季来临，聚居在阿吾勒的每一户哈萨克人家都会轮流进行冬宰，一家宰杀，多家帮忙。宰杀的对象是膘肥体壮的各种大型牲畜，马、牛、羊甚至是骆驼。牛、马因为体格庞大只宰一头，而羊则是两到三只。这些肉被分割下来之后，一部分被用来招待帮忙的邻居，其余的会被尽快处理——或切块、或腌制、或熏制，以供在冬季里自己食用或招待客人。

哈萨克族非常热情好客，即使是路过毡房作片刻休息的客人，他们也会真心诚意地对待。当然，对于尊贵的客人，哈萨克族通常会宰羊表示欢迎，而羊头会被端给最尊贵的客人。羊肉做好后，主人会割下羊脸肉献给同席之中年龄最长者，羊耳朵则会给在座年龄最小者，寓意让其"听话"。如同将羊肉献给最尊贵的客人一样，马肉也会被划分，比如他们说的"江巴斯"肉是留给尊贵客人或家里的老人、邻居

小知识窗

　　礼物馈赠是人类社会中最为重要的社会交换方式之一，也是人类学关注的重要内容之一。通过礼物交换，可以维系、强化并创造社会关系，因而研究礼物交换为人类学家提供了一条诠释不同社会文化和社会结构的途径。

的老人和他们的朋友吃的，而被称为"阿斯克吉列克"的肉是给嫁出去的女儿回娘家时吃的，还有一种叫"阿勒卡"的肉则是给未出嫁的女儿吃的。

　　总之，冬宰为哈萨克族储备过冬的肉食提供了可能。同时，哈萨克族也通过这种并非强制和重利的食物交换方式增进亲朋之间的感情。

（二）白人殖民者眼中的铺张浪费

　　北美洲西北沿海的印第安人部族夸扣特尔族（Kwakiutl）很爱举办一种"损己利人"的宴会——夸富宴，俗称冬节。每个村的首领轮番举办宴会，邀请其他村的首领以及竞争者来做客，用无尽的美食填满客人的胃，还要给客人准备多到让他们无法搬回去的礼物，诸如鲜鱼、鱼干、鱼油、果品、毯子、兽皮、独木舟、奴隶、装饰用的铜片等。

　　夸富宴不但食物充足、礼物丰富，连主人的台词都充满了夸耀之气。比如，"我是唯一的大树，把你们会算数的人都带来，也数不清我赠予的礼物"。其后，他的追随者还要添油加醋，冲来宾们嚷嚷："你们别作声，我们的首领是一座雄伟的大山，将带给你们山崩似的财富。"听到此话的宾客，在心里默默盘算着"复仇"——方式是准备更昂贵、丰富的佳肴和礼物，举办一个更盛大的宴会，以证明自己才是最了不起的，而其他人的财富都比不上自己。当然，这可能是世界上最甜

蜜的"复仇"吧。

他们为何会乐此不疲地举办夸富宴，以致自己的财产散失了也毫不在意？这是因为这种活动对他们来说有切实的回报：主办方付出了财物，却收获了声望。更重要的是，这是当地的文化调适行为：当年食物短缺的村庄，可以通过夸富宴来获得食物丰厚的村庄的"接济"，而过几年情形颠倒过来时，夸富宴也能起到同样作用。所以，夸富宴把一个地区的各个村庄联系在了一起，使得食物从富余处向贫困处流动。

（三）食物交换方式

在狩猎采集社会，食物就已经作为一种部落和群体的象征。在卡林诺斯岛（Kalymnos）上，原住民并非以礼物和回礼作为记忆建构的根本，而是以食物交换来建构记忆，以此关注在过去、现在和未来的交换中发生的故事。并且，在这种食物交换中所体现出的吝啬或者慷慨的声誉，会成为个人和社会群体认同的中心因素。食物的交换方式大致可以分为如下三种：

首先，是仪式性场合中的食物交换，包括在生育庆典、订婚仪式、盖房拜寿以及偶然的庆贺等仪式中进行的食物交换。这类典礼中的馈赠，是一种公开而庄重的行为，或者我们可以称其为一种交换仪式。食物交换仪式展示了人们的地位与彼此关系，是一个人能够动员的关系资本的可见证明。

其次，是非仪式性情景中的食物交换。之所以称其为非仪式性食物交换，是因为这类交换方式并不涉及任何正式的典礼，但已成为日常生活中常规的食物交换活动。对于社会关系的维持而言，这一类的食物交换绝非无关紧要或意义不大的事情。因为它们常常包括亲戚间的互访、拜年、探望以及日常生活间的食物交换等。同村的妇女如果做了好吃的，常常会派孩子给邻居送去一些，这也是展示自己烹饪技能的一种方式。

最后，是工具性的食物交换。所谓"工具性的食物交换"，指的是为了某种利益开展的食物交换。比如某人在日常生活中需要帮助，便会首先求助于自己私人关系网络中的那些人；其次，也可能会从既有网络之外的人们那里求得帮助。无论如何，他在得到帮助以后会"欠人情"。回报人情的方式，可以是请对方吃顿大餐，也可以是给对方送自己家乡的特产或酒，这相当于间接支付报酬。如果他希望继续维持这种关系，就会选择在受助之后的某个时机再进行工具性食物馈赠。

二、从集镇到超市

（一）"赶圩归来阿哩哩"

在广西南宁，当地人会把约定俗成的集市交易日称为"圩日"。对于"赶圩"的称呼，南北各地不尽相同，有叫"赶集""赶场"的，还有叫"赶巴扎"的。圩市的规模大小与数量多少，往往是一个地区经济繁荣程度的标志。圩市也是人类生活的重要组成部分，大家都来赶这一场，所以这里就"热闹"了。

对于当地人而言，在圩市上交换食物是一件再平常不过的事了。每到圩日，摊主们早早就在路边抢到一块属于自己的"地盘"，摆上各种从自家拉来的蔬菜、水果、菜苗、草药等进行售卖。优质的土货琳琅满目，随意地摆放着。而行人走着走着就会蹲下，拿起看上的土豆跟摊主你来我往地讨价还价。这些便是赶圩的乐趣。在适宜的步行距离内，这种交换方式不仅能使当地人在付出有限代价的前提下，以更为低廉的价格获得所需的食物，而且圩市规模的逐步扩大还能进一步提升其对于外围消费者和供应商的吸引力。

（二）"我走进霓虹灯辉映的水果超级市场"

《加利福尼亚超级市场》是美国诗人金斯伯格（Irwin Allen

Ginsberg）于1955年创作的一首诗歌，诗中列举了超市中琳琅满目的各类食品，表现了第二次世界大战后美国富裕的物质生活及其泛滥的消费主义。进入现代社会，超级市场的出现对于食品的交换起到了巨大作用。

超市能给人带来许多明显的好处。比如，超市有着精确的送货和库存控制系统，不管你想要买什么，这些货物都有可能完好无损地出现在门店的货架上。这就使得一些时令水果不再稀缺。比如，城市里的人一年四季都能吃到草莓，而许多独立商店很难进到这样的货品。超市还使得消费者开始追求有独特产地的食物，比如他们会说金华的火腿特别正宗，而新疆的瓜果特别甜。

也有人批判超市，原因有二：其一，全国性的连锁超市排挤了本地的小商贩，使得各地的商业街都变成了别无二致的"克隆品"；其二，超市对食物的过度包装。虽然这些包装延长了食物的保鲜期，减少了运输过程中的损坏，但数量庞大的塑料包装无疑是使环境恶化的隐患。

目前，形形色色的网上商店在很大程度上取代了线下超市。这是另外一个体系庞大的系统，使得人类的交换行为发生了巨大改变。

❖ **本章小结**

总的来说，人类对食物的需求是一种本能的、自然的需要。但是为了满足这种需要，人类却不断发展出复杂的文化形式。每个社会都有一套独特且复杂的饮食习惯，包括食物系统、烹饪方式、进食程序、分享食物的仪式等。随着技术水平的发展（比如对工具的使用和对火的使用），人类获取食物的方式越来越便捷，食物的类型也随之发生变化。直到今天，与食物相关的问题仍是人类社会的重要议题，因为人类社会正在不断发展出获取食物、生产食物、分享食物的新手段。同时，这些新手段也造就了一些新的问题，比如国际上还普遍存在着食物分配不均衡的现象——这需要我们持之以恒地关注。

✧ **关键词**

食物　渔猎　采集　游牧　农耕　礼物　交换　集市　超级市场

✧ **思考**

1. 想一想，你了解的饮食禁忌有哪些？

2. 人类学研究者应该如何进行以分享食物为个案的田野调查？

3. 在研究有关某地或某民族的食物时，我们如何解读隐含于食物中的文化结构和符号象征意义？

✧ **拓展阅读**

1. 〔美〕沃伦·贝拉史柯：《食物：认同、便利与责任》（版本不限）

2. 〔美〕伊恩·莫里斯：《人类的演变：采集者、农夫与大工业时代》（版本不限）

3. 王程韡：《正是河豚欲上时：一场饮食社会学的冒险》（版本不限）

第六章

从"一个"到"一群"：跨入人类社会

　　想象一个离群索居的人将会如何生活。石器时代，一个离群索居的人面临的是来自外部世界和个体需求的双重威胁。纵观中外，人类历史中的隐士虽然有着隐逸避世的倾向，却往往未能将其与社会群体的关系完全切割。要寻找纯粹的个体社会，似乎只能将眼光投放到更广阔的自然界。而当我们将眼光集中到"人"身上，便不能脱离这样一个事实：人是社会的人。在漫长的历史进程中，人类的不同社会实践形成了不同的社会政治组织形式，大致经历了队群、部落、酋邦、国家四个阶段。本章将分别对这四种社会政治组织形式进行介绍，以此勾勒出人类政治生活的风貌。时至今日，身处现代国家之中，社会政治组织形式仍然以政治生活的方式影响着我们。

第一节 "原始"生活是什么样的

得益于影视作品在全球范围的流传，如今提到"部落"这一概念，不明就里的人们仍会将其与"原始""神秘"这类形容词联系起来，情不自禁在脑海中编织出种种幻想异象。这些"高贵的野蛮人"要么深居原始丛林，条件简陋，与饥饿与荒凉为伴；要么是布满文身的古老智者，为走投无路的主角传授绝技、窥探天机……事实上，"部落"之所以与"原始人"的形象联系在一起，是因为这个概念是指非国家社会中的一种特定的社会组织形式。现代人大多习惯了现代国家的组织方式，自然把非国家组织的人类群体视为"前现代的"。

按照人类的结群方式，人类学主要把"国家"以外的组织分为队群、部落和酋邦。本节主要介绍队群和部落。

一、社会从"队群"开始

"队群"是国内学界对英文单词"band"的翻译，可以理解为人类依据生存需要，按照血缘和地缘关系结合而成的小型团体。一般来说，队群成员主要进行"寻食"活动也因此被看作"寻食者"。"队群"是人类最早的社会组织形式。

（一）哪里有食物就去哪里

队群社会处于人类社会的早期阶段，彼时人类的日常起居均依赖于自然界的直接馈赠。面对生存危机，一定数量的人通过自行聚集以保障生存最基本的需要，以"队群"的方式应对各种挑战。其中，最直观的挑战便是寻食。自然界向人类提供了丰富的动植物资源，原始人通过对动植物的寻找、采集、猎取以获取食物，保障日常生活的需要。然而，各类动植物资源均会受到气候、环境等自然地理条件的影响，为了保证对食物的充分获取，人类不得不依据植物生长的周期或动物聚集的特点等因素来选择自己的居所，居所的变动也就形成了队群的迁徙。

加拿大东部沿海的印第安米克马克人（Mi'kmaq）就过着季节性游牧的生活。夏季时，他们迁居到沿海地区，依靠猎捕鱼类、海豹，以及在沿海拾捡贝壳等软体动物为食；到了冬季，鱼群资源相对匮乏，他们便提前进行迁徙，在内陆猎捕驯鹿、驼鹿以及其他的小动物，以此作为食物来源。

队群社会的寻食者出于生存需要，在季候变化中追逐着自然资源不断进行迁徙。从冬季到春季，变动的居所让队群的寻食者们过着"四海为家"的生活。

（二）最"小"的社会组织

经常性的迁徙生活和定居生活大不相同。由于人们追逐食物而生，所以社会成员流动性强，构成的社会规模不大，人员构成固定性也不强。严格说来，队群不能算是有完整体制的、正式的政治组织。人们结群的目的很单纯，即解决基本的生存问题。也因此人们可能也只是短暂地聚集在一起。

队群是人类历史上规模最小的社会组织，一个队群的人数通常不超过100人。轻量化的人员配置赋予了队群灵活行动的优势，有利于队群成员适应经常迁徙的生活。由队群成员构成的社会规模较小，这也意味着队群的管理成本相对较低，即使是简单的组织管理也能起到显著的效果。

小知识窗

　　朱瓦西布须曼人以队群的形式生活在卡拉哈里沙漠中。每一个朱瓦西队群都由数个彼此之间存在亲属关系的家庭组成。朱瓦西队群将头人称为"克骚"（kxau），意为"所有者"。然而，这个名称并不意味着"克骚"实际上拥有队群所生活的土地，而只是一种类似"公告牌"的象征性用语。就像如今电视广告中为集团代言的明星一样，被称为"克骚"的头人也可以被看成是队群成员的本地化形象代表，但其对于队群的整体决定并不具备所有权或决定权。头人的选取没有性别限制，无论是男性还是女性都能够当上"克骚"。

——哈维兰：《文化人类学》，
上海社会科学院出版社，2006年版

（三）彼此之间是家人

　　队群往往是由几个互为亲属的家庭构成的联合体，每个家庭之间的关系是平等的。涉及队群整体利益的重要决定都是在全体成年成员的参与之下共同做出的，队群中并不存在能够独自做出决断的"领导"角色。也就是说，队群中虽然可能存在一个领导型人物，但这类人物既不具备对事务做出最终决定的权力，又不具有采取暴力来控制他人的权力，只能充当众人意见的汇总者。

　　当发生冲突时，队群成员主要是通过调解来尽快平息冲突。当面对较为棘手的冲突时，队群成员则往往嘲讽、劝告、传播流言等非正式的手段来解决。

二、部落: "升级"的队群

日常生活中, 我们往往用"部落"(tribe)这一词汇泛指那些缺乏现代正式组织的人类群体。然而在人类学的视角中, "部落"是指分布地域相近的、由于某种因素而整合起来的社区的联合体; 部落的成员说同样或相近的语言, 共享同一种或相近的文化。

和队群一样, 部落属于非集权社会组织, 其社会运作具有非正式性。平时, 部落的各社群相互独立, 互不干涉; 遭遇战争、饥荒等重大灾难时, 部落中的群体就会整合起来, 以结盟的形式应对危机。

(一)队群与部落的同与异

队群与部落有许多相似之处: 规模较小, 主要构成关系都是亲属关系, 都是非集权化和非等级化的社会。同时, 二者也存在着差异, 最显著的差异是人与地域的关系: 队群在一个较大的地域范围内经常性地迁移, 而部落的居住地较为稳定。造成这种差别的根本原因是二者经济类型的不同。队群的采集渔猎经济直接受制于自然地理条件, 队群成员必须进行季节性流动; 部落则发展起了农业经济和畜牧经济, 倾向于定居, 以便更好地驯养家畜、种植作物, 满足日常生活的需求。

尽管亲属关系在队群与部落各自社会的组成中都起到了重要的作用, 但相比更依赖直系亲属关系的队群, 部落则以继嗣群体作为主要媒介联结而成, 所以社会成员的范围更大, 人数也更多。我们有理由相信, 这种新的组织形式与新的经济形势是同步的。

(二)庞大的亲属组织

相当一部分部落社会是在继嗣群体的基础上建立起来的。一些部落以"氏族"作为社会结构的基础单位, 这正是继嗣制度的实际体现。继嗣群体是指围绕祖先信仰建立起来的社会单位，一个特定继嗣群体中的成员认为他们拥有同一个祖先。由于部落社会由继嗣群体联结而来，对部落社会的考察就离不开亲属组织的横纵两条轴线：婚姻与血缘。

继嗣群体在纵向的血缘纽带与横向的婚姻制度的共同作用下形成。直系亲属之间的血缘传递也需要依靠婚姻所提供的生物资源才得以实现。一个成年女性通过婚姻与成年男性结合，二人的孩子则作为直系血亲实现了血缘的传承。继嗣群体是血缘与婚姻纵横交织而成的网状结构。基于这种特性，一个继嗣群体可以具备较为广泛的地缘性，覆盖多个村庄，实现部落地方群体的整合。

（三）领导人能做什么

与队群中的头人相似，部落中的领导人物也仅仅是"名义上的"，并不享有正式的职权。他们不具备至高无上的个人权威，职位也不是世袭的。这类领导人有时被称为"头人"，有时被称为"村长"。无论被称作什么，他们行使的职能大致相似，即在面对冲突或者突发事件时给出指导性的意见、建议或决定，但并不具备践行这些的实际权力，也不具有任何现实意义上的类似现代国家中政府官员的职位。基于以上的原因，部落的领导人物被认为是非正式的。

不过，即便不具有制度性的支持，"头人"或"村长"一类的部落领导仍具备较高的个人声望，且能在具体的事件中起到关键作用。例如，美国的纳瓦霍人（Navajo）中，地方领导往往是在能力、智慧、品性等方面比较优秀，年龄适宜且具有良好声誉的男性。部落成员遇到困难时，会转去寻求他的帮助，但他并不具有强迫某人做某事的绝对权力。新几内亚的卡保库人（Kapauku）的头人被称为"托诺维"（Tonowi），在本地语中指"富有的人"。不难看出对于卡保库人而言，财富在社会地位的获取中能起到非常重要的作用。头人可以通过自身的种种独特价值（如口才、财富、能力等）获得追随者与财富。相应地，他也必须对自己的追随者表现出慷慨，否则将会降低自身的声望。

有趣的是，在卡保库社会中，头人表达自身慷慨的途径并不是向其他人赠送钱财或礼物，而是向他人提供贷款。

然而，委内瑞拉亚诺马米人（Yanomami）的印第安部落中的领导，却并不像其他部落中的头人那样拥有更多的财富。为了获取其他村民的支持，村长需要表现得比其他人更为慷慨。例如，当村庄中举行大型活动并大摆宴席时，村长既要负责与其他的村庄进行联络交流等事宜，又要凭一己之力供给宴席上大部分食物，否则就会失去追随者的支持。

（四）亲密的团体组织

除了亲属关系以外，社团组织或联谊会组织也是部落成员建立联系的方式。一般而言，这些社团以性别或者年龄等作为区分要素而建立，具有泛部落性质，其成员往往来自多个部落或者村庄。例如，北美的切延内人的军事社团的成员就是来自部落内部的多个地方群体，为了实现部落的整合而聚集在一起，并且发挥其军事和政治功能。

年龄等级组织就是以年龄等级制度为基础，将不同的年龄组按照一定顺序排列而成的组织，其中特定的排列顺序便是年龄等级。概念化的说明或许已经将你绕晕了，我们举现实生活中的例子来说明：“年龄组”是把处于同年龄阶段的人编排在一起的组织——如现代社会中的“小学生组织”或“大学生组织”；而年龄等级则相当于小学、初中、高中、大学这样的组织排序。在部落社会中，年龄等级组织甚至能够跨越亲缘与地缘的限制，实现更广泛的联结，也可能由此诞生出更具政治性的非正式管理制度。东非的蒂里基人（Tiriki）就有着诸如斗士、年长斗士、司法长者、仪式长者这四个年龄等级①，每个年龄等级都有着其对应的固定职能。年龄等级不是永久性的，具体的年龄等级通常会在

---

① 〔美〕哈维兰：《文化人类学》，瞿铁鹏、张钰译，上海社会科学院出版社，2006年版，第357页。

具体的时间周期（如15年）之后结束并且进入下一等级，然而年龄组却是持续存在的，同一年龄组的成员彼此的关系一般较为密切，就像你和你从小学到大学的同班同学，被漫长的时间与固定的缘分赠予了独特的亲密性。

三、"原始"社会的机会与危机

（一）最初的"平等"

队群和部落都属于结构较为简单的非集权社会。以寻食采集作为基本经济模式的队群不具备完善的分工分配体系，独特的文化制度也抑制了队群寻食者财富的积累，不具备社会分级的前置条件。大多数情况下，部落社会已经发展出较为初级的农业、畜牧业经济模式。但受限于初级经济模式本身并不完善的制度性结构，集权政府的缺席以及并不完善的分工体系，强调义务的头人文化并没有在事实上形成再分配制度，也因此未能分化出泾渭分明的阶序等级。在部落社会中，"头人"与"村长"并非在本质上与其他成员处于不同阶级，而只是一定程度上起到类似"意见领袖"的作用。因此，无论是队群还是部落，往往被认为是现在所向往的平等社会。

（二）"平等"的边缘：扩张危机

队群和部落的"平等"建立在相对原始的经济基础之上，"平等"背后隐藏的危机本质上是制度性的。我们已经知道，在队群和部落这种非集权社会中达成的"平等"大概有如下几个条件：较小的人口规模、集权政府的缺失、较为初级的经济基础、独特的文化氛围。

然而，每个硬币都有两面，这些与"平等"相互作用并维持着一种动态平衡的要素反过来也制约着队群和部落的发展。较小的人口规模在方便管理的同时,也意味着降低了对政治管理制度的需求,进而使得人们缺乏在制度层面进行变革的动力;没有制度的保障,本就较为初级的经济发展速度也会放缓,而较低的经济发展水平则使之无力挣脱现有局面的束缚,只能陷入上述各个环节彼此制掣的恶性循环。

在社会各要素的综合影响之下,"平等"的队群和部落社会存在一个极限值,一旦跨越这个极限值,队群和部落的维系将面临挑战与危机。

第二节 等级的出现:酋邦与酋长

我是个鄂温克女人。

我是我们这个民族最后一个酋长的女人。

这是经典小说《额尔古纳河右岸》中的主人公自述。这位美丽坚毅的女主人公的原型,就是被称为"中国最后的女酋长"的玛利亚·索。2022年,玛利亚·索去世的消息将"酋长"及鄂温克社会重新带回了人们的视野。

"酋长"是什么样的领袖?"酋长"领导的"酋邦"是一种什么类型的社会组织?它与队群和部落有什么区别?鄂温克社会是酋邦吗?

一、什么是酋邦

"酋邦"是国内学界对于英文"chiefdom"的通行译名。在国外经典酋邦理论的基础上,国内学界也围绕酋邦理论建立起自己的研究路径。

（一）千万别回到社会进化论

1955年，美国学者卡尔维洛·奥伯格在研究中美洲的印第安人时，发现他们的社会组织比部落规模更大，但又达不到国家的复杂程度，于是用"酋邦"来指涉这一社会。这就是"酋邦"最早的来源。20世纪60年代，美国人类学家埃尔曼·塞维斯（Elman Service）在《国家与文明的起源》中按照演化顺序将社会划分为游群、部落、酋邦和国家四个阶段，首次系统地阐释了"酋邦"的概念。

受塞维斯的影响，人们常常把酋邦看作从部落到国家之间的一种过渡形态，其实这是"社会进化论"观点的体现。从今天来看，不同类型的社会并不是依时间次序先后发展、彼此取代的，而是可以在地球这一广袤的空间共存的。因为不同社会组织的出现是人群适应不同地理空间的结果。

不过，塞维斯关于酋邦的基本特征的描述仍具有启发意义。他将酋邦描述为"具有一种永久性协调机制的再分配社会"，强调酋邦的集权性与世袭性，这都是队群和部落不具有的组织特征。他还指出酋邦缺乏法定的暴力机构，并认为酋邦的这种结构"看来普遍是神权型的，而且对权威的服从形式与宗教信众服从祭司如出一辙"①。

目前，学界对酋邦的研究属于理想模型式的研究，即将较为标准的酋邦作为范式进行研究。但酋邦不一定以标准的形式存在于现实生活中，一些酋邦具有部落的特点，一些酋邦则与国家难以区分。因此，也有人类学家用"简单酋邦"和"复杂酋邦"对酋邦的不同形态进行区分。

---

① Service, E.R., *Origins of the State and Civilization*. New York：W.W.Norton & Company，1975，p.251.

（二）中国是否有酋邦

中国学者将酋邦理论应用于中国古代社会研究。1983年，张光直在《中国青铜时代》中首次引进塞维斯的酋邦理论，将该理论运用到对中国华北地区古代社会的研究中，并将华北社会演进与游群、部落、酋邦、国家四个发

人物小札

张光直（1931—2001），当代著名的华裔考古学家、人类学家，主要从事中国考古学与考古理论领域的研究，以世界性的眼光研究中国古代文明，对相关学科的发展与建设做出了重要贡献，著有《中国青铜时代》《美术、神话与祭祀》等。

展阶段联系起来。[①]谢维扬也认为，中国早期国家是由酋邦发展而来的。他在1995年出版的《中国早期国家》提出，"酋邦模式"而非"部落联盟模式"是中国国家演进的途径。而中国史前晚期社会之所以是由酋邦演进而来的，是因为中国传说时代的部落联盟存在着最高首脑，这个最高首脑具有最终的决定权，且始终施行一权制，这些特点与"部落联盟模式"不同。[②]童恩正将酋邦理论应用于中国古代的少数民族地区。他认为从秦汉至唐代，中国南方的少数民族社会是酋邦社会，还从考古学的角度总结出12条具体的标准。[③]

中国古代各民族的社会形态究竟是不是酋邦呢？对此，学界观点不一。张学海在《聚落再研究——兼说中国有无酋邦时期》中提出，中国国家是按照"氏族—部落—国家"的顺序发展而来，发展过程中存在的

---

① 张光直：《中国青铜时代》，生活·读书·新知三联书店，1983年版，第46—56页。
② 谢维扬：《中国国家形成过程中的酋邦》，《中国史研究动态》1988年第6期。
③ 童恩正：《中国西南地区古代的酋邦制度——云南滇文化中所见的实例》，《中华文化论坛》1994年第1期。

部落群不需要被单独划分进"酋邦"阶段。①刘恒武、刘莉在《论西方新进化论之酋邦概念及其理论困境》中从梳理"酋邦"概念的西方学术脉络入手，认为酋邦假说"缺乏足够实证研究检验""其缺陷也于1970年代晚期以降随着考古学和民族学个案研究成果的积累而愈加明显地暴露出来"。②此外，马新、裴安平等学者也对中国古代社会是否存在"酋邦"阶段提出了疑问。

另一方面，沈长云、易建平、陈淳等学者则坚持认为酋邦理论对于中国古代社会阶段的研究具有必要性与重要性。此外，实际研究中，在"酋邦"概念下对中国古代社会进行研究仍较为多见。③

二、酋邦中的生活

（一）所有人认识所有人

尽管一个酋邦中人数众多，但维系其社会运作的基本关系仍然是亲属关系。因此从理论上说，酋邦的成员彼此都"认识"。这里的意思是指他们都属于一个继嗣群体，拥有同一个祖先——有时是象征性的祖先。所以，酋邦中的人大多数都处在某种继嗣关系中，并在此基础上彼此关联。

酋邦社会还建立在以继嗣资历划分的等级上，继嗣个体的资历指在继嗣群体中所拥有的声望。在酋邦社会中，权力、声望等要素的分配是由亲属关系和继嗣关系决定的，每个人的社会地位则取决于其与酋邦领

---

① 张学海：《聚落群再研究——兼说中国有无酋邦时期》，《华夏考古》2006年第2期。
② 刘恒武，刘莉：《论西方新进化论之酋邦概念及其理论困境》，《社会科学战线》2010年第7期。
③ 李志伟：《国内有关酋邦的研究评述》，《文物春秋》2021年第5期。

袖之间亲属关系的远近。酋长可以根据不同的继嗣方式将职务世袭给自己的儿子或姐妹兄弟的儿子。

继嗣关系在酋邦社会中的基础地位实际上减少了酋邦中以性别为划分标准的权力差异现象。因为酋邦中的个体以继嗣资历作为获取声望、积累资源的实际方式，故而一些资历深厚的妇女能够享有比普通男性更高的地位。

酋邦社会独特的等级意味着酋邦中的每个人都承担了某种程度的社会角色，拥有不同的社会身份，因此也很难将酋邦中个体的身份差别抽象为精英阶层和普通人之间的差别。

（二）金字塔式的社会

由继嗣关系构成的酋邦不再是权力均衡的社会，而是由权力集中造成的分级社会。肯特·弗兰纳利（Kent Flannery）认为等级是酋邦的重要特征，这种等级在酋邦中主要表现为血缘继嗣关系。在具体的酋邦社会中，部分社会拥有十分复杂的资历等级制度，甚至会出现有多少人就有多少等级的局面。罗伯特·卡内罗（Robert Carneiro）将酋邦定义为"一个最高酋长永久控制下的多聚落和多社会群体组成的自治政治单位"[①]。酋长占据最高位置，其余社会成员根据继嗣资历和占据的资源，分为不同层级的集团。层级在上的社会集团人数少，层级越往下人数越多，恰如"金字塔"式的结构。

酋邦的资源通过再分配的方式为社会成员共享。资源先以各种形式向酋长集中，酋长再将各项资源以礼物等形式分发给酋邦中的众人。在这个过程中，亲属关系与继嗣关系担任了重要角色，酋长常常以"招待亲戚"等方式将自身所汇集的资源分发出去。如果这过程中有失误，该酋长会被族人认为是"吝啬的"，他的声望将会下降，这影响到整个酋

---

① 陈淳：《酋邦概念与国家探源——埃尔曼·塞维斯〈国家与文明的起源〉导读》，《东南文化》2018年第5期。

邦基本功能的行使，进而降低其自身在整个酋邦社会中的地位。

（三）拥有实权的酋长

酋长是位于酋邦社会"金字塔尖"的人物，是全职的政治专家。例如，在部分波利尼西亚的酋邦中，酋长的职能范围相当广大，包括对资源、经济的管理和协调，涉及生产、分配和消费的整个过程。由于酋邦社会对继嗣资历的重视，酋长必须通过对自身资历的证明来为自己所拥有的权力正名。为了维护自己的统治，酋长还需要依靠宗教性的力量维护自己的权威。

酋邦社会对酋长的依赖使得酋邦社会习惯性地缺乏相关机构的稳定调解，而酋长主体之间对权力的争夺也加剧了酋邦的不稳定性。

第三节　复杂的共同体：现代国家

"五星红旗迎风飘扬，胜利歌声多么响亮……"伴随着歌曲《歌唱祖国》的旋律，五星红旗在2008年北京奥运会开幕式上缓缓升起，无数中国人和海外华人热泪盈眶，无不为祖国取得的巨大成就感到骄傲和自豪。

国旗，是现代国家的象征，其特定的图案和样式表明了一个国家的历史文化和政治文化，能够激发起一国民众的深厚情感。

国家，是当下人们赖以托身的政治群体，是国际上展开平等交往的最正式的组织。与历史上曾经出现的大大小小的国家相比，现代国家有什么不同？从古至今，国家的概念又经历了怎样的演变？国家是如何构建并发挥作用的呢？

一、国家何为

（一）"国家"的前世今生

在历史上，作为一种政治共同体的"国家"的具体含义与范畴不断发生着变化。大致来说，从古至今出现过的国家的类型有：城邦、帝国、神权国家、民族国家。

城邦以古希腊为代表。我们如今所熟知的雅典、斯巴达等便是古希腊的城邦。城邦伴随古希腊殖民的进程兴起，最早于公元前8世纪出现在爱琴海亚洲沿线，逐渐扩展到希腊的欧洲地区，到公元前6世纪末基本形成，主要分布在希腊半岛上。城邦制度的诞生与爱琴海独特的自然地理环境密切相关，星罗棋布的岛屿阻碍了统一稳定的集权国家的形成。城邦生活最大的优越性便在于其所施行的公民民主制度，城邦内的公民享有民主权利与较高程度的自由，彼此互为独立平等的个体。城邦国家由一系列独立的城邦构成，主要政治机构包括公民大会、议事会等。需要注意的是，城邦的民主并非队群式的全民民主，公民身份实际上仍然意味着不同的阶级划分。

帝国一般指由集权君主进行统治的大一统君主制国家，通常国力强盛、人口众多、辖域辽阔。帝国君主或被称作皇帝，通常采用世袭制度，历史上主要存在的帝国如波斯帝国（公元前550年—公元前330年）、奥斯曼帝国（公元1299年—公元1923年）、罗马帝国（公元前27年—公元395年）等。

神权国家通常并非独立存在的，而是与共和制、君主制国家结合，形成"政教合一"的政治格局。与普通的共和国或君主国不同的是，神权国家的实权者并非君主，而是统治宗教的宗教领袖。在现存的神权国家（如梵蒂冈和伊朗）中，国家的宗教领袖和国家元首同为一人，其在世俗和宗教层面都起到领袖作用。

民族国家，英文为"nation-state"，这个词由"nation"和"state"组合而成。前缀"nation"意为"民族"，即一类拥有共同的历史文化脉络并有强烈认同感的人群；后缀"state"在此意为"国家"，指一种国家制度或政府要素。在此基础上，民族国家可被理解为建立在民族文化共同体基础上的联合体国家。民族国家诞生于19至20世纪的欧洲资本主义的进程中，其兴起受到民族主义思潮的影响。通常而言，一个国家中生活着不止一个民族，全世界现存的国家大多数是多民族国家。民族和民族主义是现代民族国家的特有属性。民族国家拥有明确的主权边界，依靠法律与暴力机关践行权力，实现对管辖范围内一切人员及事务的管理和处置。现代民族国家诞生于欧洲，并逐渐扩展至全球，成为当今世界主流的国家形态。

（二）文明的标志

这里所说的"国家"指的是现代国家。现代国家的诞生被视为文明的重要标志。在人类学中，国家指一个可以合法使用暴力来维持社会秩序的政治制度。作为行使国家权力的机关，政府依照法律运用暴力手段对国内外事务进行调整与干涉。主权对现代国家而言十分重要。一般来说，任何国家都包含以下几个系统：

1. 领土与人口

有边界的主权领土是国家的基本特征，在领土之上生活的人口则是国家必不可少的基本组成部分。

国家领土指国家管辖和控制的领土范围，包括陆地、内陆水域、领海、领空等。国家领土被视为一个主权国家的主权领土，是国家主权的重要组成部分。为了更好地守护领土，国家通过海关、边境防护军队等相关机构守卫着边境。

国家如何知晓人口的状况？常态化的人口普查是主要的方式。人口普查采用逐户收集人口数据的方式，既可以查清全国人口在数量、结

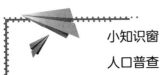

小知识窗

人口普查

中国第七次全国人口普查结果于2021年5月11日公布，此次普查中全国人口共1411778724人。其中，汉族人口占91.11%，少数民族人口仅占总人口的8.89%，约12547万人。1949年至今，中国共进行了七次人口普查。

构、分布和居住环境等方面的变化，为各项政策的制定与社会整体统筹提供数据，又可通过对人力、物力的动员强化自身控制力，是国家控制力的综合彰显。此外，国家通过对行政区域进行划定和对户籍制度进行管理也能起到管理人口的作用。在现代社会中，人口迁徙日益普遍，国家通过公民、种族、职业等多个方面的官方或非官方分类也能达成社会控制的目的。

总的来说，管理边境和人口是现代民族国家的主要特征，是实践国家控制的基础。

2. 司法机关

法律规定着国家的运作系统与基本框架，是国家的"血管"，维护着国家的正常运行。围绕法律建立起来的司法机关系统性地在国家运作中发挥着重要作用。

国家的司法体系包括法律条文本身、以法官为代表的执法者和法院系统。法律通过制定具体的法条，对人民的行动做出约束，维持社会秩序的相对稳定。在这个意义上，严重违反法律的行为会被视作犯罪。依据具体违法事件中违反法律的程度与具体的法律条文，以警察为主的国家暴力机关会针对违法者执行相应的惩罚。

人类学对法律的定义一直存在争论。由于法律条文与具体社会之间的密切关系，对法律的理解应该建立在对具体社会理解的基础上。在某种意义上，法律实际上也反过来建构社会观念。例如，以"偷窃"为名的行为普遍存在于所有权明确的社会中，不同的社会对这类行为有着不同的处置手段。然而，在因纽特队群中，对"盗窃"的处罚却很可能并无定例。一方面，私有权的概念并不存在于因纽特寻食者的日常生活中，因此即使寻食者存在"未经允许拿取"的行为，也往往不会被看作"盗窃"。更重要的是，因纽特队群解决争端往往依靠"头人"的裁决，并没有可供依靠的、明确的、正式的法律条文。因此，即使几个人在事实上进行数额类似的"盗窃"行为并且受到追究，在因纽特队群社会中也可能获得不同的处罚。与此不同的是，现代国家所定义的盗窃行为受到法律法条的明确限制，比如《中华人民共和国刑法》第二百六十四条对盗窃的金额、方式和相关的处罚有着明确规定。

3. 暴力机关

暴力机关是拥有强制执法权力的机构，维护着国家的秩序，在国家的日常运作中发挥着稳定社会规范、维护社会治安、建立社会秩序的重要功能。

通常而言，暴力机关与国家的司法机关关系密切。司法机关与暴力机关处于同一流程的上下两端，在司法机关做出相关判决之后，暴力机关的主要职能是执行国家司法机关的决策。国家的暴力机关包括警察、监狱、军队等机构，行使诸如收缴罚金、收监罪犯、执行判决、自我防御等一系列操作。暴力机关以法律作为依据，在国家内部行使职权，通过对社会不稳定因素的排除与控制，维护国内社会的稳定。此外，在面临别国侵犯时，国家可以通过以军队为代表的暴力机关进行自我防御。

可以说，暴力机关肩负着维护国家内外部秩序的重要任务。在此基础上，国家才能不断地发展。

4. 财政制度

财政制度是国家建立起一套完整的生产、分配与消费的基础。货币政策、税收制度、市场制度与贸易制度等都属于国家的财政制度。

依靠财政制度所建立的经济基础，国家建立起相关公职人员系统，参与并控制人们的日常经济生活。作为国家财政制度中的重要环节，税收是国家用来维持其内部各个层面持续、良好运作的重要保证。国家需要依靠金融与财政制度来实现生产资料在生产、分配和消费各个环节的合理分配，保证再分配职能得以发挥作用。

市场作为经济发展的重要场合，受到政府的监控与管理，贸易行为通常也处于一定的国家控制之下，在国家出台的财政政策或制度中占据较为重要的位置。例如，我国的税收通常用于城市基础设施建设、国防军事建设、医疗卫生防疫、文化教育等事业。

财政制度深度地参与了国家发展，并且作为经济基础的反映，深刻影响着国家的整体动向。

（三）国家的功能

不同的社会组织形式会"进化"出不同的政治组织以维持社会秩序的稳定。现代民族国家是最复杂的社会组织形式，在这样一个"庞然大物"中，其各部分功能的发挥也是多面向的。

1. 基本功能：秩序的维持

从诞生伊始，国家就将维护秩序作为其基础功能之一。国家通过政府司法系统与暴力机关，直接参与维护秩序的活动。从宏观角度而言，国家作为一种社会形式，其运作建立在整体性机制之上，对秩序的维护实质上是国家得以维护自身存在样态的基础；从中观角度而言，国家机制的合理运作也往往与稳定的社会秩序紧密相连；从微观角度而言，有序的国家机制是社会成员开展日常活动的保证，而顺利开展的社会经济活动往往也会反作用于国家的发展。

2. 政治功能：边界与规则

当下，国际局势与外交新闻已经成为我们日常获取信息中的重要组成部分。仔细分析，这些消息都是建立在"国别"的基础上，国家与国家之间有着泾渭分明的边界，维护外部的边界正是国家的日常功能之一。国家边界线因其与主权的紧密联结逐渐具备符号化的象征意义。国家通过边防军队、海关等相关机构行使着自身的政治功能。此外，国家以政府手段行使其对相关规定与政策的制定权与执行权，以此实现对人口、制度、军事等政治要素的管控。

3. 经济功能：再分配

经济是国家之重务。无数历史经验告诉我们，经济的缺陷足以击溃一个庞大的帝国。国家对经济的干预主要体现在一系列金融与财政制度之上，具体举措受到政治、经济、文化等多方面的共同制约。国家主要通过对资源的再分配发挥其经济功能。

二、生而为一国之民

生活在当代，绝大多数人一出生便拥有国籍。国家为生活在其中的国民提供资源和庇护。国家与之前的队群、部落和酋邦有显著的不同。队群和部落的政治权威是分散的；在酋邦社会中，酋长成为权力的中心人物；国家的政治权威既不是平均分散的，也不一定集中于酋长类的人物身上，而是由一个整体性组织掌控，这个组织就是政府。相较于酋邦，国家的成员组成已经远远超越了继嗣、亲属、姻亲等群体原有的边界限制，地域也更为广大，在种族、地理、社会分层等类别层面呈现出更加多元化的趋势。通过人的活动，国家在制度、文化、经济等多个方面创造着人类文明。

（一）高度分化的社会

1. 身份等级：分层化

创造独立的社会阶层被称为分层，分层的存在是国家的一个标志性特征。①

社会经济分层是古往今来所有国家的一个共同标志性特征。其中，精英阶层掌握了大部分的生产资料。只有在国家的形式下，精英阶层才

---

① 〔美〕科塔克：《简明文化人类学：人类之境》，熊茜超等译，上海社会科学院出版社，2011年版，第155页。

能保持财富分化，他们不像酋长那样把取之于民的东西再还给民众。

德国学者马克思·韦伯提出，社会分层的三个维度包括财富、权力和声望。财富包含"一个人拥有的所有资产，包括收入、土地和其他类型的财产"；权力是指"将自己的意愿加诸他人的能力"；声望则是指"尊敬、尊重或者行为和行动获得的赞许，或者可供效仿的素质"。①

2. 各司其职：专业化

国家是一个庞大的整体性机构，位于各个层级的人们分化出了不同的职能。例如，国家中的精英阶层负责制定法律、规定或政策等更具有上层建筑特性的资料，而普通民众则可能在经济生活中扮演着流动、生产的角色。暴力机关分化出军人、警察、监狱长等相关职务，司法机关则由法官、法警、律师等职务共同组成。政治、经济、文化领域同样分别诞生出负责整体性调配的相关人员。伴随着社会发展的进程，更多的职业性角色不断出现，各自承担着维持国家的整体运作个体所要分担的职责。丰富的社会角色在国家的发展中越来越呈现出专业化的趋势。国家的良好运作需要建立在人们各司其职、相互配合的基础上。

（二）如何控制社会

1. 法律与暴力

法律具有三项基本功能：首先，它界定社会成员之间的关系，规定在具体情况下的合适行为。一个人只要知道法律，就知道对社会每个成员而言的权利和责任。其次，法律分派运用强制执行制裁的权力。②最后，法律还起着重新界定社会关系和确保社会弹性的功能。

司法系统和暴力机关之间存在着较为紧密的联系。一方面，司法系统所制定的法律与做出的判决需要暴力机关的执行保证才能成为实际行

---

① 〔美〕科塔克：《简明文化人类学：人类之境》，熊茜超等译，上海社会科学院出版社，2011年版，第155页。
② 〔美〕哈维兰：《文化人类学》，瞿铁鹏等译，上海社会科学院出版社，2006年版，第372页。

为；另一方面，暴力机关的强制性干预行为需要司法系统的支撑才能被合理化。

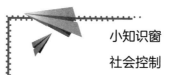

小知识窗
社会控制

社会控制是指社会组织利用一定的规则对社会成员的具体行为进行约束的手段，包括风俗、道德、法律等。

2. 文化控制与约束

文化控制，指通过深刻内化于个人心中的信念和价值而实行控制。换句话说，文化控制常常是深植于我们脑海中的某种观念、意识，以及我们对某些特定社会行为所采取的态度与倾向。这种控制一定程度上等同于社会普遍存在的基本道德观念，对违背相关观念的行为的谴责并不具备正式的强制暴力手段，因此也并不能全然抑制这些行为的出现。

约束，指用来促使人们遵守社会规范的外化社会控制[1]，包含文化控制和社会控制的不同结合。根据不同的分类标准，社会约束可以分出不同的类别。例如，按照手段的属性，约束可以被分为积极的和消极的。积极的约束侧重于奖励、封赏、社会认可等鼓励性手段，消极的约束则往往意味着各类惩罚。按照法律条例的参与度，约束又可以被分为正式的和非正式的。正式的约束意味着接受法律制约，非正式的约束则以不涉及明确法律条文的形式实现。

总之，现代国家通常被视为文明诞生的重要标志，也是文明意涵的外显与扩展。国家与文明之间的关系无论在日常生活还是在专业领域的研究里，都是我们不可不谈论的重要主题。

✧ 本章小结

人类社会的政治组织形式在历史中不断发展，分别形成队群、部

---

① 〔美〕哈维兰：《文化人类学》，瞿铁鹏、张钰译，上海社会科学院出版社2006年版，第536页。

落、酋邦、国家四种类型。不同的政治组织形式根据其特点，呈现出不同的文化图景。对此进行学习，我们能更好地立足"一个"——即个体——来思索"一群"，探求人类、社会与文明的关系。

◇ **关键词**

社会政治组织　队群　部落　酋邦　国家

◇ **思考**

1.梳理队群、部落、酋邦、国家的特点，说说不同社会组织的功能是什么。

2.现代国家是怎样发挥作用的？

◇ **拓展阅读**

1.〔美〕约翰·A.霍尔，G.约翰艾坎伯雷：《国家》（版本不限）

2.〔美〕马歇尔·萨林斯：《石器时代经济学》（版本不限）

第七章

隐藏的力量：仪式、宗教与信仰

理查德·道金斯（Richard Dawkins）曾表示，他反对宗教，是因为它让人们满足于不理解这个世界。什么是宗教？它是虔信者定时的礼拜，是特定时刻举办的仪式，或是对花草、动物存在灵性的信仰吗？宗教究竟是我们触及世界的另一种方式，还是被编织成的一帘神秘的"面纱"？在我们讨论这一系列问题时，或许也可以思考"什么不是宗教"。

宗教研究的相关理论、流派十分丰富，跨越学科、文化乃至文明，在庞大而繁杂的概念与主义之间，每一方的论调似乎都能找到印证、得到解释。从人类学的视角梳理人类历史上宗教及相关研究发展的脉络，大致能以仪式、信仰、巫术、宗教为线索，对仪式研究理论、宗教研究中的进化论、结构—功能学派等众多环节进行总结。同时，结合不同文明传统下的具体宗教实例，仪式研究、宗教研究背后的人类学方法、视野、态度也逐步呈现在我们眼前。

纵使如此，"宗教是什么"这一问题仍然难以确定精准的答案边界，同样也是我们应当怀有敬重之心对待的疑问。

第一节　生活的表演：人类学仪式研究

仪式是人类学宗教研究的重要切入点。早在看似"蒙昧""野蛮"的时代，仪式就已是人类祈福禳灾的重要方式，并贯穿于生活的展演中。

一、什么是仪式：人类学的仪式观

"仪式"这一概念究竟是什么？在现代社会快节奏的生活中，越来越多的人提出我们的生活应当具有"仪式感"，其中的仪式感或许指节日中的一束鲜花，或许指庄重面对生活的态度，明显与巫术、宗教仪式有别。

伴随仪式愈发频繁地出现在社会生活与学术研究的视野中，这一概念的边界更加难以界定。它可以是生活中富有象征意味的庄严活动，可以是一种具有制度性功能的行为，也可以是巫术或宗教活动中的重要进程。而"仪式"一词在19世纪才作为专门术语出现，那么人类学视角下的仪式又有何不同？

正如埃德蒙·利奇（Edmund Leach）所言，有关仪式的理解会出现最大程度上的差异。有人认为仪式是没有目的、意义的单纯行为，也有研究者将仪式视为令人心旷神怡的游戏。人类学家针对仪式提出了各自的定义与分类方式。

早期人类学仪式研究尚未从宗教研究中独立，但彼时的研究者从神话角度出发获得了不俗的成就，如泰勒、弗雷泽等学者均在神话仪式领域有所建树。涂尔干（Émile Durkheim）对神话仪式进行客观评述的同时发扬社会本位论，探索宗教仪式在社会组织乃至整个社会构架中的功能。他眼中的仪式是具有社会性的实践活动。利奇、特纳等人均在一定程度上继承了以涂尔干为代表的法国社会学派的观点，发展以马林诺夫斯基为首的英国功能学派理念。由此，仪式研究的"结构—功能"体系逐渐形成并完善。

在维克多·特纳（Victor Witter Turner）的观点中，仪式是用于特定场合的、被规定的正式行为，它们虽然没有放弃技术惯例，却是对神秘或非经验的存在或力量的信仰，这些信仰被看作所有结果的首要或终极的原因。仪式使人进入神秘、神圣化的状态，通过禁食、沐浴等举措，进而脱离世俗、趋近神圣。特纳同时强调仪式所具备的集体性，其呈现出的群体的价值倾向或为理解人类社会基本构成的关键之一。

自克利福德·格尔茨（Clifford Geertz）后，更多人类学者亦试图进行更具转折性的当代阐释，如詹姆斯·费尔南德斯（James Fernandez）将仪式视为一套设想的品质。比起将仪式视为特定的规则，后现代研究中的仪式被解构为更加碎片化的范式。

人物小札

维克多·特纳（1920—1983）是一位文化人类学家。他以象征、仪式的研究而闻名，其作品往往被视为象征人类学或象征与诠释人类学的重要成果，代表作有《象征之林：恩登布人仪式散论》《仪式过程：结构与反结构》等。

二、多元的仪式：依据不同维度、轴线的分类

仪式的类别多种多样，不同的理论家曾提出多种分类方式。凯萨琳·贝尔（Catherine Bell）依据社区性、传统和信仰的维度，提

出了著名的仪式六分法：①过渡仪式（rites of passage）；②历法仪式（calendrical rites）；③交换与共享的仪式（rites of exchange and communion）；④磨难仪式（rites of affliction）；⑤宴会、禁食与节日的仪式（feasting，fasting and festivals）；⑥政治仪式（political rites）。[①]

在众多分类标准下诞生的不同仪式种类中，生命仪式与年度仪式具备较为典型的研究价值。

（一）生命仪式：人生的标记

生命仪式是与个人生命各周期阶段相对应的过渡仪式，又被称为过渡仪式，它引导个人通过他们生命中的决定性转折点。阿诺尔德·范热内普（Arnold Van Gennep）将人生划分为阶段性的不同层次，而跨越人生阶段的边界便需要生命仪式，正如古代中国男女分别要经过冠礼与及笄礼方被视为成年。

人物小札

阿诺尔德·范热内普（1873—1957）是法国民族志学家和民俗学家。范热内普早期在学术界的地位相对边缘，但其贡献终为研究者发现、发扬。他最著名的作品是《过渡礼仪》，该书的发表及对结构的把握比语言学中的结构主义运用早几十年。

生命仪式包括成年、毕业、就职、订婚、结婚等，通过这一系列仪式，人们得以变更自己的身份，度过生命转折或危机。仪式的过程可分为隔离期、过渡期、结合期。在隔离期时，受礼者将从所处社会结构之中分离；在过渡期中，受礼者的身份因处于边缘、阈限而混沌不清；最终受礼者将经过聚合阶段回归，成为这一社会中全新的存在。

[①] 彭文斌，郭建勋：《人类学仪式研究的理论学派述论》，《民族学刊》2010年第2期。

以成年这一节点为例，成年礼作为一种仪式性事件，标志着一个人从一种身份过渡到另一种身份。根据科德林顿（R. H. Codrington）等人的调查与范热内普的总结，美拉尼西亚的成年礼通常从隔离开始，社会的"新员"会被隔离于神圣的地点，在过渡期被抽打，再通过与其他社会成员共舞、共餐习得本社会的秘密，从而度过聚合期并成功结束成人仪式，化身为该社会全新的一员，从此获得与社会中其他成年人等同的权利。从分隔到边缘，最终经过聚合仪式回归，受礼者在生命仪式中变更了自身的身份，迈向人生中崭新的阶段。

（二）年度仪式：度量时间的别样姿态

倘若生命仪式是以个体成长为轴线，那么年度仪式则是以宏观时间为轴。年度仪式使得时间仿佛能够周而复始，具备规律的周期性变化，同时赋予特定的周期以神圣的意味。历史性的叙述于循环往复的周期中一再被强化，从而具备了促进族群团结的功能。

部分年度仪式的时间性主要体现在庆祝季节变化的方面，使这些年度仪式成为对自然秩序的文化架构，譬如欢庆丰收的年度节日。许多年度仪式则具备更加明显的宗教渊源，在传统活动中交织着文化和宗教意义。不少参与此类宗教仪式的人或许未必对神学概念有深厚的兴趣，只是通过已有的仪式获得与传统的稳定联系。

最重要的宗教节日常被视为年度标志。罗什·哈沙纳节（Rosh Hashanah）是犹太教的重大节日，象征一年之始，又被称为"岁首节"。犹太人认为在这一天，人们要受到上帝的审判，因此需要前往犹太教堂参与新年的宗教仪式。信徒需要进行三次祈祷，三次吹响由未阉割公羊的角所制成的号角"朔法尔"（shofar），虔诚的信徒还会在这一天的午后前往水畔举行赎罪仪式。圣诞节、排灯节、开斋节、宰牲节等同样有特定的仪式与传统，它们是各个宗教具有重要意义的年度仪式。

年度仪式的社会展演强化了人民对集体的归属感、对传统的认同感、对自然的尊重感，以及对宗教的敬畏感。

三、仪式研究的主要方法

（一）过渡仪式理论：仪式中的"变"与"不变"

1. 范热内普的过渡仪式研究：从地域到心理

范热内普关注仪式进程中的"过渡性"，提出过渡仪式理论，为仪式研究提供了一套较为完整的立体模型。

范热内普的过渡仪式理论将仪式进程划分为"分离—边缘—聚合"三大阶段，早期英文译本将法语中的"边缘（marge）"翻译为英语中的"过渡"（transition），实际上范热内普形容边缘时表示"凡是通过此地域去另一地域者都会感到身体上与巫术—宗教意义上在相当长时间里处于一种特别境地：他游移于两个世界之间，正是这种境地我将其称为'边缘'"。[①]

单从地域过渡来看，人们经历了特定的"边缘"，在跨越地域边界时也达成了精神层面的过渡。这种过渡时常通过地域上仪礼式地跨越门框、门槛来体现。在过渡仪式中，门槛不仅是地域分隔的标志，也成为世俗与神圣的边界。地域上的过渡在范热内普的理论模型中被拓展，职业变更之际的仪式同样能够被囊括进过渡仪式。从分隔、边缘到重新聚合，从世俗过渡到神圣，从原先所处的世界到崭新的社会身份，范热内普的过渡仪式理论不仅囊括了时空意义上的过渡，更包含社会心理上的过渡。他使"过渡性"发展为一套时年相对完备的仪式理论模式，让人们关注到过渡仪式并非简单的线性进程，并深刻影响了仪式研究的方法，启发利奇、道格拉斯、特纳、伊利亚德（Mircea Eliade）等人类学

[①]　〔法〕阿诺尔德·范热内普：《过渡礼仪》，张举文译，商务印书馆，2010年版，第15页。阿诺尔德·范热内普又常被译为阿诺德·范·根内普、凡·热内普。过渡礼仪即过渡仪式。

家，这些学者又对过渡仪式理论进行了继承、批判与发展。

2.特纳的结构与反结构：恩登布人的就职

在范热内普的理论中，人的一生中存在诸多非常态化的时刻，特纳在此基础上开拓了阈限的概念。阈限是外在于结构的时刻，或是指在社会中由仪式所建构的某种个人状态与另一种状态之间模棱两可的时期。这些时刻之所以特殊，是因为各个社会的多数时候，地位、职分、角色泾渭分明，而在仪式中不同阶级的地位或将发生改变与颠倒。在仪式中，这些矛盾与差异短暂消失，在仪式结束后再回归原本的社会秩序，这被称为"结构到反结构，反结构到结构"。

从结构与反结构的角度审视，能够让人们重新思考仪式与社会之间的关联。你是否也对仪式研究与社会结构产生了全新的想法？

小知识窗

特纳记录的恩登布人酋长就职仪式

恩登布人族群的酋长（Kanongesha）就职仪式清晰地呈现出了仪式中的结构与反结构模式。酋长候选人与其妻子需要被隔离于一个树叶小屋，二人衣着褴褛，摆出佝偻的谦恭姿态。此时，名为Kafwana的他族头人会举办Kumukindyila仪式，Kafwana会辱骂酋长，而酋长必须保持谦卑、服从，承受被辱骂、泼药汁、撞击的羞辱。结构化的社会等级秩序鲜明，而Kumukindyila仪式的过程颠覆了原本社会中的结构，阈限阶段中，酋长候选人尊贵的地位被颠覆、剥离。仪式结束之后，酋长候选人方能真正获得这一职位，并在统治仪式过程中羞辱他的族人。

（二）强化仪式研究：为保障而强化

强化仪式与过渡仪式相对，过渡仪式理论代表了仪式研究中"变"的思维模式，关注身份的过渡是为了发掘社会结构的变更。强化仪式是为了保障、强化已存在的结构而举办的，确保已有的社会秩序不会因为灾难降临、生老病死、时间更迭等理由而弱化。

许多季节性仪式以及在灾难等时刻举办的仪式正是如此。在中国的商周时期，人们时常在遭遇旱灾、洪灾后祈求上天消灾赐福。

在季节更替、社会动荡之际，强化仪式给予社会群体安定感、维系感，以此达成强化结构的效果。

第二节 宗教信仰现象

在对仪式具备基本认知之后，我们便掌握了初步探索、认知宗教的一大工具。涂尔干将宗教现象拆解为信仰与仪式两大要素，前者是思想上的依奉，后者是行为上的模式。泰勒则认为宗教包括信仰和实践，其中实践层面包括了"礼仪和庆典——宗教的外在表达形式和宗教实践的结果"[①]。在初步认知仪式后，对信仰的探究同样不可或缺，人类学家回溯至原始先民的时代，试图通过解读原始宗教的诞生来梳理人类宗教信仰的发展脉络。

一、宗教的起源：马纳、妖怪与神灵

人类早期常见的信仰形式被归纳为泛灵信仰（Animism）、泛生信仰（Anamatism）等。泰勒提出"万物有灵"的观点，认为原始先民相信世界上存在灵魂并将这些事物人格化，我们在神话、传说中常见的妖

---

① 王霄冰：《仪式与信仰：当代文化人类学新视野》，民族出版社，2008年版，第48页。

精、恶魔、神灵也随之诞生，同人类一般具备某些特性。

这一学说自然有其不完备之处。原始先民在何时产生了对灵魂的认知呢？这种认知的产生是否早于对超自然力量的信仰？答案是未必。于是人类学家在泰勒的基础上提出了"前万物有灵论"。马雷特（R. R. Marrett）在《宗教的起源》中提出原始先民崇拜的是超乎自然的"力"，其中较为典型的例证便是部分太平洋部族对"马纳（Mana）"这种超自然的、非人格化力量的信仰。弗雷泽同样强调了这种观点，并认为原始先民试图通过巫术活动来借助超自然力达成一定目的，而在巫术之后方才诉诸宗教。

整体而言，泛灵信仰与泛生信仰并不是泾渭分明，二者共同构成了人类学对原始宗教信仰的部分设想。

宗教信仰因何而诞生？结合上文谈论的原始信仰，我们能够对宗教诞生的条件进行初步判断。从客观角度看，宗教的诞生涉及人与自然、人与人的关系。远古时代的人们尚且难以理解自然现象的诞生原因，他们的生活依赖自然，并时常与自然展开严峻的搏斗。另一方面，人与人之间的关系促成了社会组织、生产、分工等关系的萌蘖，社会结构伴随人类社会的发展逐渐形成，部落内部出现了特定的等级关系，巫师、业余巫师、社会成员之间的关系同样促成了宗教的发展。

宗教诞生的主观条件与早期人类理解精神与肉体关系的方式有关。此处主要强调原始先民在精神层面对自然万物产生的喜悦、敬畏等主观体验。原始宗教大约产生于中石器时代后期。原始氏族中的先民未能理解做梦、疾病、死亡等人类生理及心理的相关规律，同时未能解读雷鸣闪电等自然现象的原理。由此引发的恐惧、惊惶心理使他们认为世界上存在主宰人类生存环境的超自然力量。因此，原始先民试图通过祈祷、膜拜，辅以祭咒、巫术、舞蹈等仪式去影响超自然力量，这一切促使宗教形成了独有的体系。

二、原始巫术的类型：是诅咒，还是医病

巫术指的是人们企图借助某种神秘的超自然力量，通过一定仪式对客体实施影响或作用的活动，是人类在宗教生活中利用"超自然的力量"来实现某种愿望的法术。与宗教相比，巫术更倾向于一套实用性的技术动作。巫术中的诸多仪式动作仅为达到目的的手段，且仅有少数巫师能够实践这些动作。

不同的远古文明衍生出诸多巫术，因而原始巫术的种类也十足丰富。根据巫术的性质与道德价值取向，可以将巫术分为黑巫术与白巫术；依据巫术的施术方法，可以将巫术划分为模拟巫术与接触巫术；而依据巫术的功能，还可以将巫术分为生产性巫术、保护性巫术、破坏性巫术。

（一）黑巫术与白巫术

黑巫术主要指以害人为目的的巫术活动，在一定程度上相当于破坏性巫术。人们常说的妖术和邪术即属于黑巫术的范畴，其中，妖术主要针对人身体验中无法观察、仅靠想象的事物，而邪术则针对人身体验中能够发现的存在。

白巫术与黑巫术的目的相反，以行善事为主要目标，与生产性巫术、保护性巫术有所重合。在大量原始族群中，几乎所有医生都是巫师。例如，赞德社会中的巫医便能够发现巫术所在的位置并修复巫术造成的破坏。

白巫术的功效并不仅限于治疗，还能够通过特定仪式祈祷降雨与丰收。比如，印度某些村落会在旱灾之际选一名男孩身披树叶，男孩被视为雨王，人们通过向他洒水来求得雨水、缓解旱情。

（二）模拟巫术和接触巫术

19世纪时，弗雷泽在其代表作《金枝》中将巫术分为模拟巫术（imitative magic）与接触巫术（contagious magic）。

模拟巫术又被称为顺势巫术、模仿巫术，通过模仿达成目标，建立在相似性的规律上，通过在与人相似的纸人、木偶、布偶、草人上扎针，成为一种诅咒他人的施术方法。北美印第安人诅咒人时还会在沙土上画出人的画像，并用削尖的棍子伤害画像。当然，模拟巫术并非仅仅被用于破坏。《金枝》中还指出模拟巫术能够用于帮助有强烈生育意愿的不孕妇女怀孕、催生。

接触巫术亦称感应巫术，需要通过被施术人接触过的物件施术。无论这一物件是否为头发、指甲等身体的一部分，它只要与被施术人接触过即可达成效果。中国民俗学家江绍原曾经在其著作《发须爪——关于它们的迷信》中风趣地指出，人的发、须、爪三者被视为具备人生命力的部分，常被先人当作药物乃至被施术人的替代品。接触巫术便时常通过这三者实现。

三、宗教的发展：刻在时间线上的信仰

从人类早期宗教到如今具备相对完整的价值信念与制度体系，宗教的发展经历了漫长的衍化进程。追溯不同的脉络，能够从不同角度探索宗教发展的历史。

（一）自发宗教 - 人为宗教

从宗教发展源头的角度看，宗教经历了自发诞生到人为构建产生的过程。恩格斯将宗教划分为自发宗教与人为宗教两大类别：自然崇拜、祖先崇拜等原始先民自发产生的信仰都能归为自发宗教；人为宗教则是

或多或少由人工造成的，主要指阶级社会中出现的、人工构建的宗教体系，人类进入奴隶社会时期以来出现的几大知名宗教多为人为宗教。在人为宗教中存在专门从事宗教活动的神职人员，而自发宗教中的巫师、祭司时常为临时举行仪式的非专职人员。

（二）自然宗教－多神教－一神教

从信仰对象的角度探寻宗教发展史，可以看出宗教的诞生最初主要来自对自然现象的敬畏以及对精怪、鬼魂的崇拜。自然宗教信奉着人类尚且无法把控、认知的力量。

原始氏族部落对社会图腾的崇拜以及对祖先的崇拜经过发展，逐渐由动物姿态、半人半兽形走向拟人化，多神教派便应运而生。古代埃及宗教便信奉多个神灵，且数目众多的神灵并未完全人形化、系统化。氏族逐渐瓦解、部族初步形成之时，各个氏族的神祇信仰也逐渐演变、融合，而部落联盟演进为奴隶制国家后，阶级便更加得到凸显，出现了主神与次神之分。

恩格斯认为，统一的神是君主专制的反映。比如公元前621年，约西亚作为以色列国王，首次要求全体民众信奉耶和华上帝为唯一的神明，并通过行政手段禁止民众信奉非耶和华的其他神、偶像。这种改革的施行与国家权力的集中有密不可分的关联。当然，这一衍变规律并不能概括所有地区、所有时代的宗教发展。

（三）部落宗教－民族宗教－世界性宗教

氏族社会时期，人们最基本的经济文化单位便是氏族与部落。作为最原始的宗教，部落宗教的核心是祖先崇拜，其原始形式为图腾崇拜。部落联盟、奴隶制国家出现，民族性的宗教成为民族成员的共同信仰，这类民族性的宗教通常不强求外族人信仰本族宗教，本民族成员则通过信仰紧密团结，共同信奉本民族的守护神或是先祖。由于社会体制进步及生产方式的变革，不同国家、民族、宗教之间的交流日益增加，世界性宗教应运而生，其中，基督教、佛教、伊斯兰教被视为世界三大宗教。

世界性宗教具备较强的普适性，甚少受到血缘、地域的限制，其通过唯一且万能的神明维系广大信众，对全世界文明产生了深刻影响。

第三节　宗教研究理论与世界宗教信仰传统

从历史角度看，人类学的宗教研究中存在数对互动关系，并依循一定的脉络得到发展。与此同时，丰富的世界宗教信仰传统推动研究者逐渐挖掘全新的研究对象，建立不同的理论，而诸种宗教也向我们展现了信仰世界的千姿百态。

一、人类学宗教研究理论与流派

（一）原始与进化：宗教是否存在高级与低级之分

1859年，世界因查尔斯·达尔文的《物种起源》而发生了剧烈的动荡，有关进化论的思想狂潮冲击着学术界，人类学同样不可避免地受到进化论观点的影响。达尔文提出物种通过自然选择后进化，而人类同其他动物很有可能拥有同样的先祖。这一观念与《圣经》等宗教经典存在深刻的分歧，使创世、神降等事件的真实性受到诘问，而神本身的存在同样被动摇。

19世纪早期以来，以缪勒（Max Muller）、斯宾塞（Herbert Spencer）、泰勒、弗雷泽、马雷特等为代表的学者十分关心宗教如何在人类历史中发端，并围绕这一基本问题提出了很多以"理性—进化论"为主要特点的等级理论。部分人类学家认为人类文化如同物种一般存在进化的不同阶段，如弗雷泽便认为巫术、宗教、科学本身的发展进程恰似人类从童年至成人的发展。宗教进化论认为，人类的信仰从原始自然主义走向宗教精神主义，随后进化至现代科学自然主义，正如进化论中物种的演化一般，宗教也存在所谓从"低级"走向"高级"的过程。

然而，这一说法是否能够真正概括宗教的发展史呢？大多数文明看似都最终发展至对一神的信仰，然而单纯以线性框定宗教的发展历程却略显片面。巫术并不仅仅存在于宗教诞生以前，而安德鲁·兰（Andrew Lang）与威廉·施密特（Wilhelm Schmidt）等批评家都指出，一神信仰作为"理性—进化论"中更为"高级"的宗教形态，在部分地区的狩猎、采集族群中反而比在种植、畜牧这类"高级"族群中更为广泛，泰勒等人的观点在此层面并不完全奏效。这也正是人类学研究之动态化的一种证明。

（二）功能与结构：宗教研究中的单位

宗教进化论曾经帮助人们从对神明的全身心服从中抽离，却也值得反思。"传播论"的思想在很大程度上对进化观点进行了批判，在此暂且不表。在更加现代的人类学宗教研究中，有数对互动关系承继进化观念，这也是宗教研究的重要进程。

首先得到发展的是功能与结构的关联。马林诺夫斯基是功能主义的奠基者，在从整体出发的同时又兼顾文化满足人的需求；拉德克利夫－布朗（Alfred Radcliffe-Brown）认为内部结构是因不同组成成分之间的相互作用而存在的，内部的结构决定了外在表现；列维－斯特劳斯则在《结构人类学》中提出神话类同语言一般，由构成单位组成。尽管不同宗教信奉的对象、祭祀、仪式等要素各有差异，但宗教内部存在的基础结构及整体对信徒而言的功能仍然是相似的。

（三）符号与象征：血与雨、羽毛与云

"人是一种文化的存在物"①，同样也是能够运用符号的动物。能否运用象征符号或许同样是人类与其他动物的主要差别之一。象征人类学通常认为象征由象征符号与象征意义构成，此处的符号并不完全是语言层面的符号，更是"保留着仪式行为独特属性的最小单元，也是仪式语境中的独特结构的基本单元"②，宗教则是由此构成的象征系统。

在宗教研究中，仪式过程用到的一切材料、生物、行动方式都是值得深究的部分。仪式，使现实世界与信仰世界通过象征符号得到结合，创造了独一无二的宗教体验。澳大利亚中部的迪埃里人会在祈雨时用燧石划破男巫手肘下的皮肤，将血滴在另一位男性身上，两人都需要将羽毛放在身上，此时的血液象征着雨水，而羽毛这一符号的象征意义则是云。

（四）神话与真实：非事实的真实

各宗教中的诸多神话看上去似乎是全然超自然的存在，但未必全然为虚构，荷马史诗及希腊神话中部分城邦、古国的真实存在得到了验证，甚至有考古学家发掘出疑似特洛伊木马的残骸。早在公元前4世纪，哲学家欧赫莫洛斯（Euhemerus）就提出神话是一种经过筛选的历史。列维-斯特劳斯认为历史的真实性无法替代神话的效用，萨林斯则在《历史隐喻与神话现实》中将历史真实与神话虚构的关系解读为叙事的通融。这组关系看似二元对立，却能够在其内部关系的结构中寻找另一种真实。

---

① 史宗：《20世纪西方宗教人类学文选》，上海三联书店，1995年版，第195页。
② 〔英〕维克多·特纳：《象征之林：恩登布人仪式散论》，赵玉燕等译，商务印书馆，2006年版，代译序第4页。

二、世界宗教信仰传统

（一）印度吠陀

1. 吠陀影响下的不同宗教

发源于印度河与恒河流域的古印度文明曾是人类最古老的文明之一，同时也是世界宗教的起源之一。即便经历政权更迭、战乱动荡，印度与宗教的关联仍然无比紧密，诸多由吠陀（Veda）发展而来的宗教与外来宗教在这片土壤深深扎根，并结出繁茂的果实。

追本溯源，吠陀是印度最为古老的宗教根源，原意为"智识"以及与宗教相关的知识。《吠陀本集》（Vedic Samhitas）共分为《梨俱吠陀》（Rigveda）、《耶柔吠陀》（Yajurveda）、《娑摩吠陀》（Samaveda）和《阿闼婆吠陀》（Atharvaveda）。广义的吠陀还包括《梵书》（Brahmanas）、《森林书》（Aranyakas）和《奥义书》（Upanishads）等。作为印度最早的典籍，吠陀涵盖诗歌、神话、咒语、巫术乃至医术、天文等多方面内容。后吠陀时期，印度的经济发展加速了社会阶级差异的扩大，使奴隶制逐步形成的同时，也促成了最初的国家的形成。此时，印度河流域城市文明宗教信仰与吠陀再次合流，婆罗门教在如此碰撞之中诞生。

婆罗门教将"梵"作为最高的存在，认为"梵"并不具备任何属性、形式，是人类经验、逻辑、感官无法触及的存在，与人的灵魂在本质上是相同的。婆罗门教以吠陀天启、祭祀万能、婆罗门至上为主要纲领，探讨不同种姓的轮回与转生。转世轮回、善恶因果的思想也曾影响佛教理论。婆罗门教徒信奉多个自然现象化身的神明，但在该教演化过程中又出现了主神崇拜的倾向。在这些信仰的发展过程中，婆罗门教逐渐向新婆罗门教过渡，并且形成了多数印度民众信仰的印度教。

阿拉伯人于公元712年攻入印度河下游地区，伊斯兰教的传入对印度教本身产生了巨大的影响。首先，部分印度种姓制度之下的底层民众为了摆脱地位方面的桎梏，主动靠近伊斯兰教。而在16世纪，伊斯兰教讨伐异教徒则使印度教进一步与伊斯兰教融合，锡克教正是变革之下的产物。锡克教信徒既不愿屈从于穆斯林的统治，也不愿再作为印度教中的下层人物服从于特权阶级。印度宗教沿着吠陀的教义一路发展，这片土地至今有着诸多信仰的身影。

2. "0"的故事与信仰

谈及阿拉伯伊斯兰教徒的征伐与印度之间的关联，不得不提及的还有印度数字的传播。目前通用的阿拉伯数字实为印度人之发明，在古代贸易之际传播至西班牙，又在伊斯兰教徒西征时被阿拉伯人学习并使用，因此其又当称为"印度—阿拉伯数字"。

图7-1：约一千五百年前的印度数字符号[①]

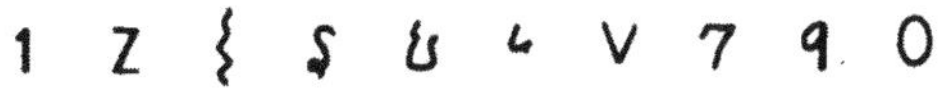

图7-2：公元10世纪时欧洲出现的阿拉伯数字[②]

印度人不仅创造了数字，他们更大的贡献是承认"0"为一个数，而非空位或一无所有。在印度人眼中，"0"更是一种象征，这种思维为人们带来了无数哲思的可能，负数的诞生便与人们对"0"的认识密不可分。

象征本身拥有丰富的功能与形式，象征人类学则将宗教同样视为一个庞大的象征体系。语言是一种象征，用数字表示等额的数量是象征，以梦解读个体潜意识同样是解读象征，祭祀之中的诸多物件也含有象征与隐喻的意味。

[①] 孙兴运：《数学符号史话》，山东教育出版社，1998年版，第1页。
[②] 同上，第2页。

伴随十进位的诞生，零成为运算中不可或缺的部分，而古代中国人更多地用零代表空位，数字表示零时曾以"□"代替，因便利而写作"○"。"零"在古汉语中曾有"余雨"之解读，从雨后水滴引申至零头，"○"或许也是因为形似小水珠而成了零的简写。于古代中国人而言，此时的零可以是"零头"，却并不是完全的数。

因印度人受到吠陀中有关"空"的信仰的影响，"0"并不完全等于空位或一无所有，这一符号或成为"空"的象征。古印度梵文中，"空"的读音为"Sunya"，又被音译为"舜若"，而这一读音实际上与"零"的读音相同，"空"作为形容词时的写法也与"0"相同。据日本学者中村元研究，早期古印度梵文中的"Sunya"一词也有场所、空位的含义。在吠陀的《奥义书》中早有"空"的存在，并认为物质世界的根源是地、火、水、风、空五种，"空"是前四者结合的场所。① 可见，"空"并非全然虚妄的存在。"0"这一符号在某种程度上象征了古代印度人对吠陀之"空"的理解，他们或许还能联想至"梵我如一"乃至"诸法无我"的理念。而"Sunya"伴随着吠陀的传承不断发扬，成为佛教中"空"这一重要概念的前身。

图7-3：梵文中的Sunya

（二）《圣经》传统

1.《圣经》传统下的不同宗教：继承与分歧

也许你未曾完整地读过《圣经》，但你多半听过那句"要有光，就有了光"，也多少了解书中的神是如何创世的。《圣经》传统带来的影响深远无比，文学作品中有其身影，国际关系背后亦能窥见宗教历史，《圣经》已然不仅是独属于以色列人的宗教经典。

---

① 黄夏年：《印度佛教"空"之迁变》，《佛学研究》1995年第00期。

古代以色列人的宗教文献在历次动荡中走向零落，公元前6世纪左右，返回耶路撒冷的以色列人才逐步重新梳理原有的经卷，整理出了被后世称为《希伯来圣经》的书册，经过不断的增补、删节，终于诞生了如今《旧约全书》的雏形。《希伯来圣经》中最先编辑成册的是《律法书》，第二批成型的是《历史书》与《先知书》，最后被敲定成形的则是内容多样的《杂集》。犹太教主要强调《律法书》与《先知书》的重要性，同时将《杂集》中的《诗篇》一卷也视为主要经典。基督教继承了犹太教的经典，并将其作为基督教《圣经》中的《旧约全书》存留。

自犹太教发展而来的基督教经过历史变迁，同样产生了教派的分歧与变革。在基督教成为晚期罗马帝国国教之时，人们或许想不到基督教也随着罗马帝国的分裂而走向不同的道路。以罗马城为中心的西部教派内逐渐发展出"权威"的概念，教皇制度应运而生；以君士坦丁堡为中心的东派则将宗教的权威理解为教会的经验与生活。公元11世纪，东西方教派终于正式决裂，西方的教派称自身为"罗马公教"，即天主教。16世纪的宗教改革使天主教分化出不同教派，新教应运而生。东方教派在分裂以后成立了强调自身正统性的"东正教会"，其认为圣经主义式的宗教并不是精神与生命的宗教。现如今，由《圣经》传统发展而来的东正教、天主教、新教并称基督教的三大流派。

2. 礼拜仪式研究：圣俗的往返

时至今日，众多基督教会官方网址仍在更新主日礼拜的具体安排，长长的证道人列表足以证明教会对主日礼拜活动的重视。礼拜究竟具备怎样的力量，使得信众愿意在周末的清晨汇聚一堂？人类学对此又有怎样的解读？

礼拜并不单纯被界定在基督教的范围内，它是一种按照特定程序完成、具备神圣意义的象征性行为。正如在前文年度仪式部分讨论的安定感，礼拜同样是给予参与者慰藉感与宗教体验的过程，并且将这种过程与个体相联结。穆斯林的礼拜体现在每一天，化为静默的虔心；基督教徒的主日礼拜则是七天一次的循环，作为群体性的宗教聚会帮助个体贴近公众与上帝。

主日礼拜起源能够追溯至犹太教的安息日。上帝创造万物共耗六日，第七天休息，于是七日成为循环。因耶稣于星期日升天，基督教确立在每周日举办仪式，并将其称为主日。不同基督教堂的礼拜仪式具有一定的差异，但通常都会先聚集信众，通过诵读经文、唱赞美诗、听取证道回应上帝，最终差遣会众。

诚然，固定的礼拜地点及时间是仪式中的重要因素，但人类学视角下的聚集与差遣并非只具有纯粹的地理意义，反而与涂尔干的世俗神圣之说有异曲同工之妙。聚集信众的过程实际上是将信众从世俗世界分离的方式，作为礼拜的准备阶段；遣散会众之时，信众通过听道过程中与上帝的接触获得了内心的升华，在礼拜结束后重归世俗世界。

（三）中国的部分宗教与民间信仰

1. 中国道教沿革

在中国，不同宗教地位平等。目前，中国宗教徒主要信奉的有佛教、道教、伊斯兰教、基督教（实为新教）、天主教。其中，道教作为本土发展而来的宗教，承载着部分中国民间信仰与信众对"道"的解读。

有关道教的发源，众说纷纭，难有定论，马克思·韦伯甚至在《中国的宗教：儒教与道教》中提出儒教外所有的"异端"都被称为"道教"。有人认为道教发源自黄帝与老子，应当以黄帝道历元年作为创立年代的推算依据；也有说法认为道教虽与《道德经》有密不可分的关系，但仍然经过了缓慢的发展阶段，在具备较为完整的神明信仰、仪式体系、信仰组织时才能被视作宗教，故道教应由张陵于东汉后期创立。于是亦有解读者将黄帝时期的铸鼎、炼仙丹之传说视为道教的萌蘖，将老子"道德之教"等语视为继承黄帝以来的圣人遗训，认为道教最终在东汉时期呈现出制度化的形态。

代代人所逐之"道"究竟为何？老子认为道"玄之又玄"。"道"很早便存在于天地之间，又是万物之根源，超脱物质与感官。道教中的

"道"被人格化，老子成为"道"的化身，是《太平经》中"得道之大圣，幽明所共师者也"，"周流六虚，教化三界"的存在。"道"延伸出元始天尊、三清四御，最终发展出庞大的神祇体系。

古时道教的核心为修道登仙，通过诸种修炼方式以达成长生。老庄道家思想便注重养生之道，道教则认为能通过修炼内外丹达成这一目的。其中，外丹是以矿物、草药等材料炼成的丹丸。葛洪、陶弘景等人均在炼丹过程中发现了一定化学原理，并努力削弱了丹毒的影响，然而亦有如《红楼梦》中宁国府的贾敬因求仙问道而不闻他事、一心炼丹，最终食用秘制丹砂烧胀而亡之事。内丹则是以人自身为炉鼎，以人的精、气、神为原材料，修炼内丹以达成人体阴阳调和的效果。因金庸作品而为大众知晓的全真派则更多继承钟离权、吕洞宾的内丹之说，融合儒释道三教之"道"，并将"全精、全气、全神"作为最高境界。除却金丹派，符箓派同样源远流长。自《易经》发展而来的符箓被认为有驱魔、辟邪之效用，至今《道藏》中仍记载有多种符。

2. 妈祖信仰研究：祭祀圈与信仰圈

道教是中国宗教信仰中相对制度化的存在。以杨庆堃于《中国社会中的宗教》提出的标准看，道教具备基本的概念与结构体系，能够被划为制度性宗教（institutional religion）。这一标准构建主要来源于宗教在中国社会的功能性作用。然而中国尚且存在大量民间信仰，这些宗教更发散、普化，却是中国社会组织模式中的重要部分，被称为分散性宗教（diffused religion）[1]。而在欧大年看来，这些看似分散的宗教已然扎根于当地民间的社会结构，属于一种变相的"制度化"。

无论如何，中国民间社会的信仰自古以来就具有蓬勃的生命力，妈祖信仰正是其中翘楚。尽管妈祖信仰难以被定义为严格意义上的宗教，但其在一定程度上综合佛教、道教、儒家等相关要素，成为植根于中国沿海地区的特殊民间信仰。传说妈祖本名林默，祖籍福建莆田县，

---

[1] 注：人类学家李亦园将"diffused"译为"普化"，汉学家欧大年指出"diffused"一词在英语中实际上存在一定"劣等"意，或为杨先生之误用。

生于宋太祖建隆元年（960）三月三日，精通水性且时常救助出海落水之人，后因抢救渔民而溺亡牺牲。传闻当日妈祖登上湄洲妙峰山山顶，羽化登仙，成为人们纪念的海神，沿海人民向她祈愿出海顺利、生命无忧。时至今日，东亚、东南亚乃至欧美都存在妈祖信仰，2017年"妈祖下南洋·重走海丝路"的活动开启，湄洲妈祖巡安新加坡、马来西亚等国，足见妈祖信仰的生命力与影响力。

谈及妈祖信仰研究，难以绕开中国台湾学者林美容的《妈祖信仰与汉人社会》及她使用的"祭祀圈""信仰圈"等相关概念理论。日本学者冈田谦早在1938年研究台北近郊士林时就曾提出祭祀圈的概念，他将其定义为"共同奉祀一主神的民众所居住之地域"，强调共神信仰与地域范围两大要素。施振民提出祭祀圈以主神为经、以宗教活动为纬；许嘉明则更加明确了祭祀圈本身的限度。①

林美容在承袭许嘉明的主要观念的基础上，通过田野调查发现，以神明或是庙宇为中心定义容易导致两个祭祀圈在一定地域范围内重合，参与祭祀的却仍然是同一批人。因而她重新定义祭祀圈为"为了共神信仰而共同举行祭祀的居民所属的地域单位"②。此时祭祀活动能够分为义务性与志愿性，前者对应祭祀圈概念，后者则成为互补的信仰圈。信仰圈以某一神明及其分身之信仰为中心，信徒分布在一定区域范围却超越了地方社区与村落层次，是信徒形成的志愿性宗教组织。

通过调查彰化市南瑶宫妈祖信仰的发展迁变，林美容发现南瑶宫最初仅是座小小的庙宇，最早的信徒多限于南瑶里与成功里的居民，却通过进香活动吸引了大量信徒，成立了数十个妈祖会，每一个妈祖会又奉有各自的妈祖分尊，即信仰圈"分身之信仰"。这种跨越使得南瑶宫的妈祖信仰从祭祀圈走向信仰圈，发展扩大至横跨四大县市的规模。然而，对于地缘组织、地域范围的过度关注，也使祭祀圈、信仰圈理论在

---

① 张宏明：《民间宗教祭祀中的义务性和自愿性——祭祀圈和信仰圈辨析》，《民俗研究》2002年第1期。
② 林美容：《妈祖信仰与汉人社会》，黑龙江人民出版社，2003年版，第4页。

一定程度上模糊了先前讨论的志愿性、义务性问题，在部分解读者眼中反而些许偏离了宗教观念、文化观念的范畴。

◇ **本章小结**

宗教通常被视为有指定行为和实践、道德、信仰、世界观、预言、文本、圣地、伦理或组织的社会文化体系，也将人类与超自然、先验和精神元素联系起来。仪式则是人类学研究宗教的主要途径，它包括人的生命时间轴上的各种活动记号和构建社会生活空间的力量本身。因此，人类学的宗教仪式研究基于时空同构的人类信仰文化实践的探索，解释宗教仪式象征体系所隐藏的社会组织关系等。宗教的排他性不但使同时空的不同信仰宗教互为"异教"，而且将各宗教自身的不同发展历史也化为"他者"。

人类学的宗教研究关注宗教实践行为，试图对人的所有信仰进行理论概括。然而，每个"似是而非"的"公式"始终需要不断地反思，宗教概念的"边界"问题仍然有待我们探寻。

◇ **关键词**

仪式 信仰 宗教 巫术 结构—功能 象征—符号 民间信仰

◇ **思考**

1. 科学是宗教的"克星"吗？宗教可否与科学并行？
2. 佛、神、人究竟是什么关系？拜佛求子、求财是什么逻辑？
3. 请你给宗教下一个定义，并且思考什么不属于宗教。
4. 世俗化宗教的意义何在？

◇ **拓展读物**

1.〔英〕凯伦·阿姆斯特朗：《神的历史》（版本不限）
2. 黄心川：《世界十大宗教》（版本不限）

第八章

下乡与进城：从乡土中国到现代都市的人类学拓展

导言

　　作家高晓声于1980年发表的短篇小说《陈奂生上城》生动地反映了改革开放初期中国农民从农村进入城市进行商贸活动及城乡之间具有极大差异的历史事实。当我们把乡村与城市置于人类学研究的视域当中，首先应充分理解人类社会"乡"与"城"的发展脉络和丰富肌理，以及人类学相关研究的理论与方法。在此基础上，结合中国的具体社会语境，我们将进一步认识中国的人类学研究在对象上从乡村到都市的拓展。

小阅读

　　"漏斗户主"陈奂生，今日悠悠上城来。

　　他到城里去干啥？他到城里去做买卖。稻子收好了，麦垄种完了，公粮余粮卖掉了，口粮柴草分到了，乘这个空当，出门活动活动，赚几个活钱买零碎。自由市场开放了，他又不投机倒把，卖一点农副产品，冠冕堂皇。

——高晓声《陈奂生上城》

第一节　农业：人类操纵动植物生命的革命

当我们思考人与自然的关系史时，农业革命是个无法避开的话题。从觅食向农牧业的转变深刻地影响着人类的生活状态。或许我们应该问，究竟是人类驯化了动植物，还是动植物反过来操控着人类？

一、谁来管小麦该长在哪儿、羊该在哪儿吃草

（一）一万年前的突变

人类出现以来的二三百万年中，多于99%的时间都在觅食。饿了就靠采集或狩猎过活，没人去管小麦该长在哪儿，或是羊该在哪儿吃草。这一切在大约一万年前全然改变。人类开始投入几乎全部的精力，操纵着几种动植物的生命。从日升到日落，人类忙着播种、浇水、除草、放牧，并认为这样能得到更多的水果、谷物和肉类。这也意味着一场关于人类生产方式的革命——农业革命的开始。

（二）新月地带的"新生"

"美索不达米亚"在希腊语中意为"两河之间的土地"，是学术界称作"新月沃地"的底格里斯河与幼发拉底河之间的冲积平原。早在公元前5000年，苏美尔人就已经在那里定居。他们开始把原生谷类——大麦和小麦培育成可食用的农作物，并饲养家禽、牛羊，还利用沼泽等水域捕获鱼类等猎物。就这样，他们成了地球上早期的农民和牧民。

二、食物生产可能源于偶然

人类从觅食向农牧业的转变并非一蹴而就，而是经历了两三千年的缓慢过程。在中东，这一转变发生在有限的地区，且分阶段进行。在大约7万—2万年前，智人在没有农业的情况下也能顺利繁衍。而后在大约1万年前，由于第四纪冰期结束，变暖的气候更适合谷物的生长，人类对小麦的食用量逐渐增加，于是开始学习种植。公元前9500年之后，纳芬图人的后代除了继续采集和研磨谷物，还开始以更精细的手法种植作物。虽然从采集野生小麦变成种植驯化小麦之间没有明确的分界点，但到了公元前8500年，中东已经四处散布着永久村落，而村民们将大部分的时间花在种植培育少数几种驯化后的物种上。

三、罕见的"天选之地"

（一）南美洲人不知道中美洲人在种玉米

学者曾经以为农业起源于中东，再传布到全球各地，但现在则认为农业是不同时间在各地独自发展并开花结果的，而不是由中东传到世界各地的。目前，全球公认有另外几个地方也独立发展出了农业：中国华北（黍米）和江南（水稻）、美国东部地区、中美洲、南美洲的安第斯山脉。南美洲人学会了栽培马铃薯和驯养羊驼，却并不知道中美洲人在种玉米和豆类；中东人会种小麦和豌豆，但也不知道在墨西哥或地中海东部发生了什么。随着时间的推移，中东、中国和中美洲的农业生产以不同的速度和方式向四处传播。到了公元1世纪左右，全球大多数地区的绝大多数人口都已在从事农业。

（二）让人崩溃的考拉和橡树

为什么农业革命最早发生在中东、中国和中美洲，而不是澳大利亚或者阿拉斯加？

首先，想要产生农牧业，动植物本身能够被人工养育是必要的条件。而在我们的远古祖先狩猎采集的成千上万物种中，适合人工养育的其实只有极少数，且它们又长在特定的若干个地方。其次，被养育的物种必须是人类能吃或能用的动植物，而像挑食贪睡又对人类帮助不大的考拉，或者果实更适合松鼠食用且生长速度极慢的橡树便不是实用的优选了。此外，食物生产的传播还受到地理环境的极大影响，因此农业在各地区的传播速度也不尽相同。

四、伟大的农业文明

（一）小农的"老婆孩子热炕头"

只有精耕农业才能养活大量人口，发展出大规模的灌溉水利系统、人口控制系统。农业革命让智人抛下了对自然的顺应之心，人的主宰意识变得越来越强。而农业文明的基础则是乡民、农人，在罗伯特·芮德菲尔德的《农业社会与文化》中，相关术语被明确表述为"农民"（peasant）。[①]

固定的农业范围促使人类形成永久的聚落。"定居"这件事，让大多数人的活动范围大幅度减小。对农民而言，几乎就是整天在一小片田地或果园里工作。就算回到"家"，此时的房子也就是用木头、石

---

① 〔美〕芮德菲尔德：《农民社会与文化：人类学对文明的一种诠释》，王莹译，中国社会科学出版社，2013年版。

在这个单位中，儿童被养育与社会化，以符合成人社会的要求。老年人可以安享天年，丧葬费用以该单位的财产支付。婚姻提供性的满足，而该单位内的人际关系则产生感情可以联系其成员。各单位更为其成员付出他们在全社区中应负担的仪式费用。由此观之，单位之内只要有需要就有劳力的供应，而不直接受价格与利润的经济体系所控制。

——E.R.沃尔夫《乡民社会》

头或泥巴盖起的局促结构，每边再长也不过几十米。一般来说，农民会和房屋建立起强烈的连接。房子除了影响建筑，更影响了心理。在农业革命之后，人类成了远比过去更以自我为中心的生物，小家庭的观念愈发突出。

（二）围着田地、谷仓打转

农业生产的特点主要表现在地域性（空间）和季节周期性（时间）上，加上生产量并不稳定，人们便需要特意打造出仅限人类和"我们的"动植物所有的人工环境。与之类似的行动包括砍伐森林、挖出沟渠、翻土整地、建造房屋等。渐渐地，人类发现自己已经很难离开这些"人工岛屿"了，所有的房子、田地、谷仓，放弃哪个都可能带来重大的损失。

（三）养活一小撮儿精英分子

农业革命让人类的食物总量增加。增量并不意味着吃得更好，却能带来人口的爆炸。虽然农民每天任劳任怨地干活，但任何聚居地都出现了统治阶级或精英分子。他们从农民手中征收剩余物品，用于支付公共事务费用。如果该地属于更大的政治系统，那么政府会以税收、贡赋等形式征收剩余物品，用于公共用途。靠着农民多生产出来的食物，加上新的运输技术，越来越多的人住在了一起，先形成村落，再形成城镇，最后变成都市，王国或商业网络使它们紧紧相连。《人类简史》的观点是：这种凝聚个体的秩序并非人类自然的天性本能，而是来源于想象的建构，也就是共同的虚构故事；想象建构的秩序嵌入了我们的真实世界，塑造了我们的欲望，并成为千千万万个体之间的黏合剂。①

第二节 专注于"三农"的乡村人类学

人类学是如何研究我们常说的"三农"（农村、农业、农民）问题的呢？乡村人类学研究和人类学的村庄研究是一回事吗？如何研究文明大国的乡村？本节将会集中讨论这些问题。

一、乡村人类学研究 ≠ "人类学的村庄研究"

（一）"库拉"不是乡村人类学研究

"人类学的村庄研究"与"乡村人类学研究"是两个概念。克利福德·格尔茨在《文化的解释》里说："人类学家并非研究村落（部落、小镇、邻里……）；他们只是在村落里研究。"②在此，他将"村落研究"和"在村落里研究"相区别，主要用意是想说明人类学虽然看起来常常在研究村庄这样的小型社会，但并非只是满足于简单地研究某个"村落"，而是通过研究村落这样的小型社会来达到对国家、人类社会

---

① 〔以〕尤瓦尔·赫拉利：《人类简史：从动物到上帝》，林俊宏译，中信出版集团，2017年版。
② 〔美〕克利福德·格尔茨：《文化的解释》，韩莉译，译林出版社，1999年版，第29页。

这种大规模社会的理解。这是因为村庄之类的小型社会也会形成复杂的人与自然、人与人、人与社会的关系，是人类社会的"全息"投射。而乡村人类学指的是对农业社会的农民及农民一切行为方式的研究。像马林诺夫斯基在特罗布里恩群岛对库拉圈交换制度的研究就不是乡村人类学研究，因为居住于特罗布里恩群岛上的是岛屿部落，特罗布里恩人虽有部分从事农业生产，但他们的社会仅是部落社会，尚未形成典型的农业社会。

（二）以城市为参照系的乡村

当前的乡村人类学主要指对农业、农民（定义、发展历史、人文性格、宗教信仰）以及由他们构成的农村社会（变迁、社会结构、宗族、政治权力、社会组织）的研究。

此处"乡村"的概念最早来自人类学家罗伯特·芮德菲尔德对农村社会的相关研究。起先，人类学家往往将农村社会与农民排除于人类学研究之外。而芮德菲尔德则主张将农村社会的研究纳入人类学的视域之中，与原始型小群体社会研究和城市研究相结合，成为一个递次连贯的有机整体，从而拓展和丰富人们对不同形态社会的认知。他以农村社会的性质功能及其与城市之间的关系问题为思考起点，将"小型社区—较大群居体"与"农村社会—城市社会"相对应，继而引申出小传统和大传统两大不同畛域。

二、不追求最大利润的小农经济

（一）躲不开的小农经济理论

恰亚诺夫（A. V. Chayanov）的小农经济（peasant economy）理论认为，农民经济有自己独特的体系，遵循自身的逻辑和原则，不能以资

人物小札

　　恰亚诺夫（1888—1939），苏联著名农业经济学家。青年时，他是地方自治局土地调查员，在农村从事统计分析工作，著述渐多。1913年，年仅25岁的他成为当时俄国农学研究中心彼得罗夫-拉祖莫夫科学院的副教授，不久升为教授。1921—1922年曾去英、德等国考察农业。1923年回国后，除仍从事科学研究外，他又积极投入与农业合作、农业金融等有关推进农业发展的实际工作。恰亚诺夫的代表作为《小农经济原理》，曾在西方引起强烈反响。

本主义学说来理解。他将家庭农场与资本主义农场进行区分，认为小农家庭生产得以胜出的主要原因在于其生产和就业政策是为了收入最大化，而非利润最大化。资本主义农业企业根据利润来选择雇佣或解雇劳动力，而家庭农业不能解雇自己的家庭成员，也不能用利润比来选择是否进行某项农业投入。因此，农业家庭的唯一生产目的是提高家庭的绝对收入。家庭农场能够在账面上不挣钱的情况下生存，而这对资本主义农场而言是不可能的。这种特性可以看作农业家庭生产的一种优势，有的时候还能用来抗衡资本主义农业企业。

（二）"内卷"来自爪哇的水稻农业

　　"内卷化"这一概念最早由克利福德·格尔茨提出，用以研究爪哇的水稻农业。格尔茨在《农业内卷化》一书中将"内卷化"作为"一个分析概念，即一个既有的形态，由于内部细节过分的精细而使得形态本身获得了刚性"，用以刻画印度尼西亚爪哇地区"由于农业无法向外延扩展，致使劳动力不断填充到有限的水稻生产"的过程。[①]可见"农业

———————————

① Clifford Geertz, *Agricultural Involution*, Berkeley: University of California Press, 1963: 80-82.

内卷化"这一概念是指，在土地面积有限的情况下，增长的劳动力不断进入农业生产的过程。其主要特征是劳动密集化、系统内部精细化和复杂化。

（三）量变到顶点也不能引起质变

以农业上的聚焦为起点，"内卷化"还历经了多次"概念旅行"。美籍华人黄宗智（Philip C. C. Huang）移花接木，进一步发展了格尔茨的"内卷化"概念。他把这一概念应用于中国经济发展与社会变迁的研究当中，用"内卷化"来刻画中国的小农经济逻辑，并将其作为小农经济内在稳定性的一种可能的机制。他指出，内卷化"是在高度人口压力之下，伴同商品化而形成的现象。其核心内容在于以劳动边际报酬递减的代价换取农业生产的劳动密集化"。[①]而后，印度裔美国人杜赞奇（Prasenjit Duara）又把这个原本主要用以解释经济发展停滞不前的理论从经济学领域搬进了政治学领域。

（四）如何解决"内卷"

根据格尔茨等人类学家对"内卷化"的定义，我们可以倒推出应对"内卷"的种种措施。假如内部扩张受限，我们可以尝试打开更大的市场；而如果内部的精细化不足以支撑更大的发展，我们还可以尝试靠技术解放生产。

---

① 黄宗智：《中国农村的过密化与现代化》，上海社会科学院出版社，1992年版，第3页。

三、中国的乡村人类学：如何研究文明大国的乡村

（一）那些与中国农民打交道的外国人

学者们一度认为，中国社会是乡土社会，在村庄比在城市更易于了解中国人的生活知识。19世纪末期，那些对中华大地怀着兴趣和好奇的外国人开启了中国汉族地区乡村人类学的先河。例如，荷兰传教士高延（J. J. M de Groot）在厦门居住了12年，利用闲暇时间开展民间宗教研究；法国社会学年鉴学派学者葛兰言（Marcel Granet）利用研究古代社会史和文化史的方法开展《诗经》歌谣研究；美国学者葛学溥（D.H.Kulp）以较为规范的社会文化人类学田野工作方法研究华南沿海地区凤凰村；等等。

（二）燕京大学的"星火"

燕京大学吴文藻聘请派克（Robert Ezra Park）和拉德克利夫—布朗讲学，形成了集社区研究与功能主义人类学两种理论于一身的学脉特点，这一特点构成了燕京大学社会学青年群体的主导思想与方向。其中，林耀华对福建义序"宗族乡村"的研究和费孝通对江村及云南三村（禄村、易村、玉村）的研究便是在这一学脉影响下的"星星之火"。

（三）不做乡村田野调查，如何研究乡村

20世纪50至70年代，社会人类学对中国大陆的乡村研究几乎完全停滞。由于无法直接进入中国大陆这片"田野"，西方人类学对中国乡村研究的重点转向了"汉人民间宗教"。通过在中国香港、中国台湾及海外华侨社区开展田野工作，探究中国人的行为方式和文化观念，或借助以往的田野调查和历史文献来把握中国乡村社会。例如，弗里德曼

（Maurice Freedman）对中国东南乡村的宗族研究和民间宗教研究就不是建立在亲自进行田野调查的基础上，而是以前人的社会学田野作业材料及历史学研究的方法为主。他的研究理论为人类学研究中国社会提供了新的研究范式。

（四）从村落再出发

改革开放后，中国乡村社会成为西方人类学家和国内人类学家的研究热点。黄树民的《林村的故事——1949年后的中国农村变革》以生命史为方法，注重对调查对象"人性"的刻画。主角叶文德虽不是什么"大人物"，但通过对他的"家庭人""村落人""国家人"几个身份的定位，黄树民把从新中国成立到改革开放初期的重大社会变迁浓缩于一个具体的村落，将宏观社会史和微观个人史有机地合二为一。[1]在中国乡村社区研究的新探索中，"国家与社会"分析框架被广泛运用。

第三节　城市：人类文明的坐标

城市历来被看作人类文明的重要标志。本节将对西方城市文明的起源、发展及衰败进行线索式勾勒，再以古代诗句中的成都为中国城市的代表性范例，解释不同于乡村的城市特征。

---

[1]　黄树民：《林村的故事——1949年后的中国农村变革》，素兰等译，生活·读书·新知三联书店，2002年版。

一、城市的诞生

人类学和考古学对人类城市的研究表明，城市的诞生并没有一个统一的模式。但总体而言，城市被认为是脱胎于远古的村庄。新石器时代农业经济的发展和人口的增长是城市起源的重要因素。随着社会的发展，大约在5000年前的尼罗河、两河流域以及印度河流域开始出现了社会剩余产品的积累，足以供养不必自己从事粮食生产的定居专职人士。经济贸易体系等方面的发展最终使规模远大于新石器时代村落的聚落单位——城市出现了。一般地，专业化的社群、人口聚集中心以及居民身份认同被认为是城市的三重特征。此外，一个城市不可能独立存在，它的形成、发展、运转和功能有赖于与周边城镇和农村的依存关系，因此城市的存在还须考虑占地规模、人口密度和与周边聚落的关系等因素。

二、西方城市文明的历史脉络

大约在公元前8世纪到6世纪之间，城邦作为一种新型城市聚落发展成型。创建城邦的重要动因是采取"联合统一"的形式，把早期乡村组织集中到一个设防的城镇中，建立一个更加强大的政体。从古希腊时代的雅典、斯巴达、底比斯、特洛伊到罗马帝国时期的罗马、君士坦丁堡，再到基督教兴起后的耶路撒冷，以及中世纪的伦敦、巴黎、威尼斯、汉堡等，西方城市文明的演变显然是一篇无法写尽的大文章。

罗马帝国的兴衰为了解城市生活空间与帝国兴衰的关系提供了很好的研究个案。实际上，罗马人自身的许多文明要素来自其统治下的伊特鲁里亚人和希腊人。罗马人在向北拓展的过程中，在西欧和所谓的"蒙昧"地区（前文字或"非文明化"的地区）建立了罗马城市。一方面，罗马人能够掠夺征服地区的财富、镇压反对群体，并处理严重的冲突。但另一方面，随着征服区的乡村被都市化，当地逐渐形成了有自身文字的精英集团。在获得许多罗马人的技术和管理方法之后，这些人转而反对帝国权力并促使帝国崩溃。

这并不是唯一的历史案例，欧洲在非洲殖民地的现代独立运动与此类似。罗马帝国的瓦解，不仅削减了罗马的城市规模（最大的城市有30万居民），而且使许多世界性城市消失或沦为小镇和村落。但历史学家尤因（E.Ewing）认为，许多城市（尤其是意大利和法国南部的城市）仍然发挥了重要的作用。即使是在"黑暗的中世纪"，那些文明社会残存的城市仍然是主要居民点以及政治家和宗教精英的活动中心。尽管罗马灭亡了，但是许多与医学、天文等相关的文字传统概念及建筑仍然得以幸存。一些罗马的技术和学问也成为阿拉伯帝国城市生活的基础。

对西方城市文明的起源、发展及衰败进行追因式探讨，有助于我们反观当下城市发展面临的种种问题。

三、让我们长一双成都人的眼睛

到底什么样的聚落算是城市呢？城市关涉的是人口的数量、房屋的样式，还是人们的生活方式？这一直没有一个统一的标准。大多数的政府往往以人口数量的多少作为衡量城市的标准。比如，美国将常住居民超过5万人的地区称为城市，联合国则将人口数量超过10万人的地区确定为城市。在现实生活中，我们往往根据若干与乡村不同的特征来界定一个区域是否是城市。下面就让我们聚焦中国的一个城市——成都，通过我们熟悉的诗句，长一双"慧眼"，来体会不同于乡村的城市特征。

（一）"城中十万户，此地两三家"

《水槛遣心二首》大约作于公元761年，彼时定居成都草堂的杜甫将该城描绘为"城中十万户，此地两三家"。

从人口特征上看，城市的十万户何其多，乡村的两三家何其少。可见在旧时成都的既有空间中，已形成了"大聚居"的格局。规模大、密度高是城市的一大特点。农耕时代，大部分人居住在农村，城市规模一般比较小，几千人聚在城墙之内。但有些古城和工商业城市的规模也可以达到百万，比如古罗马、君士坦丁堡、长安、洛阳。唐代的成都人口在全国长期仅次于长安，达数十万之多，其城市人口远超乡村人口。这城中的"十万户"居民在性别、年龄、阶级、族群等方面呈现出很强的异质性。成都历来是个移民城市，人口由不同民族、地域的人群构成。安史之乱后，唐王朝由盛转衰，中原地区一直战乱频繁，而四川地区战火少，破坏小，成为中原人的避难所。杜甫就是安史之乱后北方移民入蜀高潮中的一员。城市中人口的流动性也很大，像杜甫这样的官员，从城郊家中到城中工作、交游需要频繁移动，而进城做买卖或打工的乡村居民，还有贩夫走卒、江湖郎中、乞讨卖艺者这些无固定住所者也会在城中移动。

人口规模大、密度高、异质性强、流动性大是城市自古代起就具有的特点。

（二）"昨日入城市，归来泪满巾"

北宋诗人张俞（今成都郫都区人）所作的五言绝句《蚕妇》则描绘了蚕妇进城做买卖，回来之后泪流满面的辛酸和无奈："昨日入城市，归来泪满巾。遍身罗绮者，不是养蚕人。"当时的成都城，在织锦、制漆、造纸、雕版印刷等经济产业上都有明晰的分类，发展繁荣。

城市具有特定的经济功能，城就是四面有城墙的空间，市是指交易的市场。市场性是城市的最早功能之一，城市居民不从事农业生产，必然要通过贸易换取生产和生活物资，因此城市具有非农业的经济功能及专门化的职业分工。在农耕时代，城市经济以手工业为主，必须依靠乡村支持而存在。而在工业时代，城市发展出现代纺织业、机械业等，城市的经济成为与乡村相对应的经济实体，乡村与城市变为双向交流物资的市场。

（三）"南市沽浊醪，浮螘甘不坏"

南宋诗人陆游的《饭罢戏作》描绘了南宋的成都城："南市沽浊醪，浮螘甘不坏。东门买彘骨，醓酱点橙薤。"这里的"南市"和"东门"都是成都历史悠久的商业中心。当时陆游住在城市居住区笮桥东面，时常到南市去消费。这反映了城市存在着跨区域组织的特点。

从空间角度看，一个城市包括很多次级地区，如行政区域、商业中心、工业区、居住区等，每个次级区域通过交通和通信设施互相联结与影响。成都作为跨区域组织的城市特征体现得非常明显。自秦灭古蜀国开始，张仪、司马错在成都筑太城、少城；秦代设大城置官府、少城置商贸；唐代高骈为抵御南诏而改水道修罗城；清康熙年间，四川巡抚在大城西垣内筑满城，驻八旗官兵等。

从社会角度看，一个城市存在着各种各样的、不同层次的群体和组织，他们相互作用整合在一起。居住在城市中的人处在一个复杂的组织关系之中，因而具有不同的专业角色。陆游在成都做成都府路安抚司参议官，是政府集团中的一员，同时又是一个混迹成都饮食市场的资深食客，还是节日中赏花游玩大军中的一员。可见，城市是空间功能和社会组织上的跨区域组织。

以上特征贯穿于城市诞生和发展的过程中，由此我们可以判断一个区域是否是城市，或是属于什么规模等级的城市。

第四节　都市人类学：人类学史上的"第二次革命"

人类学家将人类学转向农业文明的乡村研究称为人类学史上的

"第一次革命"，而转向城市的研究则被称为人类学史上的"第二次革命"。那么，这场"革命"是如何缘起的？都市人类学在中国主要以什么样的人群为研究对象？本节将对这些问题展开探讨。

一、艰难的诞生

（一）另辟一条路

人类学家过去一直倾向于研究偏远的、简单的原始社会。直到20世纪初期，才开始步入都市研究的道路。自20世纪20年代末起，美国学者林德夫妇（Robert Lynd & Helen Lynd）的"中镇"（Middletown）研究和沃纳（W.Lloyd Warner）的"杨基城"（Yankee City）研究，开创了美国本土都市人类学的先河。

尽管人类学对都市生活和城市研究早有兴趣，但都市人类学的真正确立经历了很长的时间。原因有二：一是人类学的都市研究被视为对传统人类学的背叛；二是考虑到要保持人类学的学科独特性，以及它与其他社会科学，尤其是社会学的区别。基于人类学研究的文化整体观、跨文化比较观和文化相对主义，都市人类学家面临的首要问题就是如何将人类学的基本方法运用到都市研究中。

（二）时代的呼唤

第二次世界大战以后，随着经济的发展、产业结构的改变、交通的发达以及信息传递的进步，人口迅速增长，都市化程度提高，人类学研究的对象也相应发生了变化。

城市作为"人"的生活方式而存在。因此，针对人的城市生活进行研究，对于人类学这门试图通过科学方法来回答关于人类自身系列问题的学科而言至关重要。可见都市人类学的产生和发展是时代及学科潮流所趋。

二、从芝加哥到全世界

人类学的城市研究更多地受到了社会学研究的影响。其中，影响较为深远的是以派克为首的美国芝加哥社会学学派。芝加哥学派研究城市社会学的着眼点首先是城市结构，在方法上多采用人类学的田野调查法，派克称之为"社区研究"（community study）。社区研究是社会学研究的重点，其方法可以从人类学中去学习。正如前文提到的，吴文藻受了派克的影响，开始引导学生学习人类学田野调查的方法，同时邀请他和布朗来华讲社会人类学，让社会学成为一门名副其实的应用科学的同时，也为中国都市人类学研究埋下了伏笔。

以美国人类学家庄思博（John Osburg）的《焦虑的财富：中国新富阶层的金钱观与伦理观》[①]为例，庄思博以成都的"新富"（New Rich）阶层为研究对象，对该群体进行了三年（2003—2006年）的田野考察，在结合文献分析的基础上揭示出市场经济发展下的金钱观与伦理观的变化及"新富"群体的生命状态。

三、墨西哥城的一个贫困家庭

都市人类学对城市贫民窟的研究以美国人类学家奥斯卡·刘易斯

---

① John Osburg, *Anxious Wealth*：*Money and Morality Among China's New Rich*, California： Stanford University Press，2013.

（Oscar Lewis）所著的《桑切斯的孩子们》①为代表。刘易斯主要运用传统微观民族志的传记式方法，聚焦墨西哥城的一个贫困家庭，通过访谈等方式鼓励桑切斯及他的四个儿子将与他们相关的生活经历录音并记录下来。而全书就是由五个家庭成员交替讲述自己的人生故事所组成，其间未加任何评论。这在某种程度上呈现了复杂多面的社会全景，让读者了解拉丁美洲大城市中心一个贫民窟住宅房屋扩展的含义，进而理解更大的社会变迁。

四、喧嚣城市中的熙攘人群

中国都市人类学作为一门分支学科是在20世纪80年代出现的，一方面与国外都市人类学的研究保持密切的联系，另一方面则立足于中国本土特色。其中，对居住于城市的少数民族群体、农民工、移民等城市人群的研究是中国都市人类学研究的重要组成部分。

（一）流动的彝族人

城市少数民族研究是西方都市人类学研究的主要方向之一，而中国都市人类学研究也关注城市中少数民族群体的生存现状。当下，彝族工人群体在中国少数民族流动群体中颇具代表性。自20世纪80年代初，广东边远地区以及湖南、广西各地人口便逐步流入珠三角，随后这一流动潮扩展到四川、贵州、云南、河南等内地省份。少数民族大规模的流入则处于这一潮流的晚期。

彝族原本聚居于四川、云南的山区，如今不少人以打工者身份外流，分散到全国各地，尤其是改革开放的前沿阵地——珠三角地区，并

---

① 〔美〕刘易斯：《桑切斯的孩子们 一个墨西哥家庭的自传》，李雪顺译，上海译文出版社，2014年版。

集中在东莞、深圳和惠州三个城市。与其他流动人群一样，他们在当地主要以打工为生，基本上属于工厂"招之即来、挥之即去"的临时工。根据刘东旭等人对东莞彝族工人群体的研究，波动性的用工周期使得"四处流动、居无定所"成为他们生活的主要特征。

（二）"外来人"的钟摆效应

有关农村一城市人口流动的话题也是都市人类学研究的重点。而对于中国珠三角、长三角地区的农民工研究，则以周大鸣《渴望生存：农民工流动的人类学考察》①为代表。"钟摆理论"是周大鸣对农民工流动现象的规律性总结。他指出，在现有户籍制度下，在同一社区，外来人与本地人在分配、就业、居住上形成了不同的地位体系，以致心理上互不认同，形成了"二元社区"。在二元社区的制约以及输出地农村经济凋敝的综合作用下，农民工"流而不迁"的钟摆效应产生了。这一钟摆模型并非指简单的机械式往返运动，而是一种难以逆转的流动，其根源在于户籍制度。

（三）最初开打印店的多是湖南新化人

自古以来，人口迁移是世界各地的普遍现象，而移民问题的相关研究则是晚近的事情。20世纪90年代以来，我国城乡之间形成庞大的流动大军。关于移民的组织形态、移民的原因、适应情况及影响等都是都市人类学关注的话题。

你有没有产生过好奇，为什么全国开打印店的最初多是湖南新化人？想象一下，几十年前，几个新化人在外获得了机械打字机维修技术。以此为开端，在历史潮流和各种偶然间，新化人把日本和美国的二手复印设备通过国际贸易扩散到国内，通过专业市场渠道销售到专业复

---

① 周大鸣：《渴望生存：农民工流动的人类学考察》，中山大学出版社，2005年版。

印店，进而形成了一条完整的产业链，在地缘、血缘纽带下形成的师徒制等合力作用下，构建起了遍布全国的经营网络。

实际上，类似的问题还有很多。比如，"沙县小吃"是如何形成的？为什么广州小北路会形成黑人聚居区？如果感兴趣，不妨自己尝试着去探索解惑吧。

五、乡村都市化

"乡村都市化"是在中国特有的城乡分割的二元体系中被提出的命题。人类学视野下的"都市化"并非简单地指越来越多的人居住在城市和城镇，而是指社会中城市和非城市地区之间的来往和相互联系日益增多的过程。

学界对地处广州近郊的南景村的追踪调查是中国乡村都市化研究的代表性案例之一。1949年前后，岭南大学社会学系学生在系主任杨庆堃先生的指导下，从不同角度对南景村进行了研究（包括杨先生自己之前对该村的研究）；中山大学社会学系于20世纪80年代初复办后便开展了对南景村的追踪研究；周大鸣也从20世纪90年代初开始对南景村进行追踪研究。

几代学者对南景村都市化进程的回访研究为都市人类学所面临的挑战——探求乡村社区与都市的关系以及解释乡民的文化模式在都市的转变等，提供了富有解释性的证据。

六、"城市病了"

虽然从农业文明向都市文明的转变被视为人类历史上的一场革命，但城市的产生也给人类带来了许多前所未有的问题。城市化进程引发的文化变迁、城中村、城乡二元、贫困、次文化等，都是其中较为严峻的问题。近年来，不少学者也进一步探讨了城市与人类健康的话题。

◇ **本章小结**

人类学对中国乡村的研究，为人类学研究大型的、拥有悠久历史和文明的、处于急剧转型期的现代国家社会及文化做出了巨大贡献，在人类学界引发了如何利用传统的乡村社区民族志来研究一个复杂大型社会的讨论与探索。

中国都市人类学自20世纪80年代中期发展至今，偏向应用性研究、建立在民族关系基础上的多元文化探讨、城市转型研究等，与其他学科的交流也已成绩斐然。都市人类学对人的关注视角通常是向下的，更多关注城市中的边缘群体、底层集体。都市人类学很大程度上可谓他们的代言人。

人类学的两个分支研究都促使了人类学研究的中国在地化，并发挥了推动社会进步的作用。

◇ **关键词**

乡村人类学　都市人类学　"三农"　乡土中国　城市转型

◇ **思考**

1. 为你家乡所在的乡村或城市写一段简洁的生命史介绍，写清楚其历史起源和发展过程。

2. 你的家乡所在城市或乡村存在哪些经济生活、文化变迁或阶层族群等的问题？这些问题是如何出现和发展的？可以通过什么途径解决？

◇ **拓展读物**

1.〔美〕奥斯卡·刘易斯：《桑切斯的孩子们　一个墨西哥家庭的自传》（版本不限）

2.〔美〕刘易斯·芒福德：《城市发展史：起源、演变和前景》（版本不限）

3.〔以〕尤瓦尔·赫拉利：《人类简史：从动物到上帝》（版本不限）

4.费孝通，张之毅：《云南三村》（版本不限）

第九章

重返作为物种和人口的我们：如果达尔文和马尔萨斯来讲课

如何理解人类学中的"人类"？在这一章中，通过与生物学、社会学中的"人类"进行比较，我们将能更好地体会"文化人类学"这个命名中"人类"这一概念的特殊品质，进而理解它在人类学中被提出时学者们的思考状态。在被称为"现代"的这个历史时期中，许多思考传统持续生发，人类学只是其中具体的一个。在它自带的研究对象和讨论主题之外，仍有许多思考传统的内涵需要被我们注意到。只有这样，当我们问"人类学是什么"时，我们才能观照到自己的思考、行动所面向的方位、所前往的地方，以及所求知识的类型、特点及其对于现今中国学生的意义。

第一节　达尔文的参考书之一：《地质学原理》

如果今天达尔文和马尔萨斯（Thomas Robert Malthus）来给我们上这堂课，他们会讲什么？不过，人类学家会先问：为什么是这两个老掉牙的英国人来给今天的中国学生上课？是因为人类学是英国的"土特产"吗？还是因为这两个英国人提出了世界性的普遍问题？抑或是因为我们需要一种比较方法，将人类学与生命科学、人口学进行对比，从而更好地理解人类学中的"人类"这一概念的含义？这些问题不应随着本章的结束而终结，反而是需要我们随时返回的地方，流连于此也是一种以人类学的方式思考而获得生命给养的过程。

在图书馆中，大家可以找到一本美国主流的生命科学教材《生物学》（中文版）。该教材的第一讲即指出：达尔文的研究是"科学研究的经典案例"。在这里，"科学"是指一种认识世界的方法，通过研究客观信息，人们可以建立起对世界的认识。而"科学研究"则是不断地否定那些与实验结果或观察不相符合的假说的过程，与已有的数据相符合的假说被有条件地接受。

人类学家看到这里就会问：为什么科学地认识世界在今天的我们看来是一个无可非议的事情？我们是从什么时候开始这么认为的？科学为什么可以理所当然地成为所有事物存在之合理性的源泉？为什么符合科学规律的现象才是合理的现象？这样发问的人类学家看起来简直有些愚蠢，像是在挑事儿！这完全符合饱受人类学家折磨的所谓"野蛮人"对他们的印象。

现在我们以人类学家的眼光来看看经典科学研究模范生达尔文是如何思考的，以此来再次认识这个科学研究典范的起源过程，顺便打开辨别人类学和生物学认识人类殊途的思考之门。

在讲述达尔文这个"科学研究的经典案例"时，美国生命科学家们先从他们所处时代的"两个世界"开始：

> 大多数人相信各种各样的生物和它们所具有的各不相同的结构直接来源于造物主（直到今天仍有很多人对此深信不疑），人们认为，各个物种都是直接被创造出来并一成不变的……达尔文的革命性理论不仅深深地困扰了许多与他同时代的人，也困扰着他自己。
>
> ……
>
> 在达尔文的时代，有关进化的学说未被接受的最大障碍之一是当时人们普遍相信一种错误观点——地球只有几千年的历史，达尔文时代陆续发现的一些证据使这种观点越来越站不住脚。达尔文在航行期间仔细阅读了伟大的地质学家查尔斯·莱尔（Charles Lyell，1797—1875）的著作《地质学原理》（*Principles of Geology*，1830），书中第一次简要地描述了远古世界的动植物变迁，在这个世界中，不断地有物种逐渐灭绝，同时又有新物种出现，这就是达尔文想要解释的世界。[1]

换言之，科学作为"一种认识世界的方法"参与了我们对"世界"的确认。达尔文困扰于上帝创造的世界和地质学家勾勒出的世界之间的断裂，希望通过解释地质学家勾勒出的世界，克服"两个世界"的困局，让自己也让人们接受他科学地建立的"对世界的认识"。为达尔文提供另一个世界的人和作品，因其与"创造性的洞察力"密切相关而进入了我们的视野。

---

[1] 〔美〕Peter H. Raven，George B. Johnson：《生物学》（第6版），谢莉萍译，清华大学出版社，2008年版，第10—11页。

一、莱尔《地质学原理》：敢问地球高寿

查尔斯·莱尔（Charles Lyell）让大家普遍接受了地球表面的一切特征都是在长期地质时间中，逐渐由物理的、化学的和生物的过程生产出来的。这就是说：地球表面的特质并非由上帝创造（created），而是由一些自然科学（如物理、化学和生物学）所观察到的现象所生产（produced）的。

十分关键的是，该过程不仅非常长，且构成它的"变化"本身（地质作用）能一直保持不变。也就是说，地质作用的方式，无论在过去还是在今天，都并未随着时间的改变而改变。正是这种不变的变化（地质作用方式），日积月累，缓慢而积少成多地，逐渐构造了科学研究者所观察到的、有着千差万别的地球的表面形态和特质。因此，地球的过去，可以通过现今的地质形貌来一层层揭开并加以辨识，研究者可以以此确定地球的年龄。这一被称为"均变论"（uniformitarianism）的观点在今天被理所当然地认为是诸多测量地球年龄的理论之一。

因为这项成就，在马克思和恩格斯发表《共产党宣言》那一年，莱尔被封为爵士。马克思、恩格斯及莱尔都指向历史：一个是"人类社会历史"，一个是"地球的历史"。而马克思和恩格斯的人

人物小札

查尔斯·莱尔（1797—1875），苏格兰人，就读于牛津大学。他的代表作《地质学原理》于1831—1833年分三册相继出版。这是一部代表19世纪进化论地质学的经典性作品。莱尔在其中提出的地质理论即现实主义原则和"将今论古"（或均变论）及与之相关的渐进论，为地质学理论的发展起了推动作用。

类社会历史，是基于生产方式与交换方式及必然由此产生的社会结构来辨识和确定，唯有从这一基础出发，"历史"才能得到说明。

那一年的欧洲开启了两个历史——地球的历史和人类社会的历史，它们各引出一个基本的"世界"，至今仍然容纳着存于其间的我们。然而，我们很少去严肃辨识它们的异同。

中国的人类学，会向它们发问吗？

在古希腊神话中，有这样一位众神之母，她创造了生命，创造了地球，也创造了天地万物。她就是大地女神盖亚。这一神话故事所照见的，是古希腊罗马以来的"本源说"，这个学说认为世界是神的创造。直到中世纪，人们仍然坚信，地球处于宇宙的中心。而地球处于中心位置意味着在浩瀚的宇宙中，作为人类故乡的这颗星球是被神所选中的，因而是重要的，地球昭示着神创。

从15世纪下半叶开始，哥白尼革命瓦解了"地球昭示神创"的观念，使人们逐渐意识到地球不是宇宙的中心。那么，接下来的问题是，如果地球不是神创造的，那它是从何时、在何地出现的呢。当时的自然科学家们，如莱尔，就选择从地球（地质）本身去寻找答案。

如同连锁反应一般，自然科学在地质学上的变革也带来了对生物科学的新解释。莱尔的"将今论古"学说带给达尔文很大的启发：既然地质学家可以从地球今天的状态追溯它的过去，那么生物学家也可以以物种为对象，从其现存状态追溯它们的过去，以此来理解我们所属的物种。

地球从神创的结果到成为自然科学的研究对象，再由此引发达尔文关于物种的思考，其中发生了很多变化。我们需要深入到莱尔的解题思路中去理解这一转变过程。

二、地球与时间

地球从神学的对象转化为自然科学的对象，时间的因素在其中产生了不可估量的作用。

（一）看得见

该如何向时间发问呢？时间是什么？它如何出现，或者说时间是一种怎样的存在？如果它是像星星（如作为行星的地球）一般做循环的周期运动，那我们如何理解每一个生命的凋零？如果它无休无止，线性地流向一个深不可测的深渊，我们又该如何解释在此序列中那个看不见的过去？星星和人的生命，可以放在时间序列里，而且是同一个时间序列里来认识吗？

在牛顿以前，学者们（如亚里士多德）认为，时间与天、地、地上的物体相关，不同的物体会有不同的时间，地球这个庞然大物会使它周围的时间变慢。而牛顿却认为，时间可以脱离具体的事物而独立存在，并且对于万物来说，时间都是均质的，尘埃与地球在时间的隧道中是平等的。

在亚里士多德看来，只有天体相对发生变动之处，才会有时间的流逝，如果没有变化发生，那么作为度量的时间便不会出现。而牛顿却认为，即使所有的物体都岿然不动，时间仍然会流逝。这种流逝是自然而然的。

至少，在这里有两种向时间发问之法：其一，不能离开天体而单问时间，而且时间与其变化一同发生；其二，可以脱离物体及其存在而单问时间如何存在，它已假设不论我们在与不在，时间都在且一直流逝。

很显然，占据莱尔的头脑的，是牛顿问出来的时间，而非亚里士多德所问的时间。这就意味着：其一，有一个可以问"它是什么"的"真正的时间"，它与地球和人的高低、大小都没有关系，这两者可以同时被放进一个统一的时间隧道中进行比拟和比较，所以地球和人一样，都在时间中有了同样可测的生命期，有了可测定的年龄，我们还可以对它进行分期；其二，在地球所处的时间隧道中，时间不断地流逝。地球成了时间量度及度量时间的一个阿基米德点，宗教的视野及其对神创的昭示一并被放进地球之内，成为地球上人的诸多信仰中的一种，地球在古希腊也被视作最古老的神。

（二）摸得着

如果没有牛顿，莱尔是否会有"地球的生命在流逝"这样的观念呢？我们不得而知。但是，它既然占据了莱尔的头脑，我们接下来要问的一个问题是，带着这种会流逝且看不见也无法被感知的时间，地质学家是如何触摸这个有生命的地球的？作为时间的"远嫁异乡的女儿"，岩石可以告诉地质学家一切。

让我们以地质学上一个简单的例子来理解地层与时间的关系：如果仅仅想要说明某一岩层的性质，地质学家会叫它"含水层"，这个名字并不强调它形成的过程和时间的维度。但是，如果想要强调时间，地质学家们就会说："这里的地层是寒武纪的。""寒武纪"这个名字搅进了时间的概念。在一定时代形成的或新或老的岩层，每一组都有它们自己的时代或年龄。在不同的岩层里，地球那不断流逝的过去看得见、摸得着。

（三）回得去

仅仅通过对地质进行研究，我们就可以触碰本体（地球）吗？神学家认为，这是不行的。如果要研究地球，他们就会一个劲儿地追问"地球为何产生"。答案很明显——神创。但是，从牛顿那个统一、流逝的时间出现之后，地球就被放进了时间的隧道中。在这里，它是持续存在的，一切都像生命一样在时间隧道的内部流逝。对于这样一个地球，自然科学家对它的研究就变成了"地球怎样存在"。问题被置换了！从"为何"变成了"怎样"。

在神学家那里，仅仅通过地质表象无法触及地球本质，而且只有一个线性流动的时间——那就是"当下"，当下的时间与过去的时间也无法链接。但是，在莱尔这里，"表象与本体""当下与起源"却可以很好地在地质学研究中被链接起来。"将今论古"方法中地球那个不变的变化方式是莱尔解题的基石：如果地球今天的地质现象和过去的地质现象是一致的，只是同一个地球中两种状态的更替，那么今天地球的地质状态，如海岸、内陆、湖泊、山川的形态和分布，都可以作为追溯地球起源时刻所发生的火灾和地震的证据，从而揭露"地球如何出现"的答案，这即是将"表象与本体""当下与起源"进行了链接。

在莱尔的思路里，并不会因为地球表面只是呈现出表面的特质而无法直击其本质；今天的地球，也并不因其不同于起源时刻而不能回答"地球为何""基于什么条件""从哪里来"等问题。莱尔的《地质学原理》，以理论的形式（具有一般性，可运用于更广泛的其他对象）建立起了"表象与本体""当下与起源"之间的因果链条。不难发现，这是整个19世纪欧洲精神博动的基本形式。

三、生命与起源

"阿姨，鸡蛋算荤菜价还是素菜价？"

每隔不久，我们都会在食堂遇到这样的问题。营养学家告诉我们：不用管鸡蛋究竟是荤菜还是素菜，它能够为人体提供丰富的营养物质，这已经足矣。但是从人类学的角度，我们不得不问，从这样可食、可算的角度来思考生命（鸡）与起源（鸡蛋）之间的关系，对于我们来说究竟意味着什么。

如果来过成都，你是否吃过红星兔丁和双流老妈兔头这两大成都

"兔界"巨头呢？如果还没有，就去试试吧！顺便再思考一下，从一只兔子变成兔头或者兔丁，之前那只活蹦乱跳的兔子怎么就变成了今天的美味佳肴？它是生命吗？

以这样的方式来计算，我们或许只会看到"兔丁，一斤52元"，它可以被计算，但没有灵性。鸡蛋可以被当成荤菜或素菜来计算，也没有灵性。这种剥去了灵性的视角，和前面我们讲述过的剥掉地球的神创状态，以一种渐进的视角中看待它有异曲同工之处，它们都是一个去神性的过程。

想象一下，跳脱渐进的视角，我们如何讲述另一种"发生"？美国人类学家罗安清就在2015年出版的《末日松茸：资本主义废墟上的生活可能》中讲述了一个关于没有"猴子祖先"的松茸的故事。

美国俄勒冈州东部喀斯特山脉的黄松林地曾是一个工业小镇，在荒废之后，政府对它进行管理，森林里的扭叶松此后生长繁茂。在这片森林里，松茸的长势极好。它是通过"交染"的方式诞生的。工业小镇、森林、火灾等因素，相互交染，最后诞生了松茸。在这个故事中，松茸与其他物种发生了多样的关系，而非在一个孤立且分类稳定的"物种起源"序列中进化而来。

从神的创造到自然的选择，再到废墟之上的"交染"，我们已经目睹了三种"物种起源"的方式。达尔文的杰作对于科学史上的思想变革来说意义重大且触及神学论的根本。然而我们仍然需要把他走过的路再走一遭，如此才好从中看出，这场撼动了人类关于自身和世界的设想的革命，它的路子是被如何走出来的，并且再一次发问：在这之外，还有其他的可能性吗？如果有，我们又如何理解随之而来的关于起源、时间、历史的相关问题呢？

"人类学之行与思"，或许正是需要我们切身地思考，并以此走出一条未来之路。

第二节　达尔文的参考书之二：《人口论》

提出假说，是达尔文科学研究过程的实际起点。他的进化论学说认为演化来自自然选择。这一观点是如何奠基的？本节我们将回顾达尔文的"发现"之路，以此理解这一洞见背后的精神经历。

一、当盎格鲁－撒克逊人向"人类"发问

（一）食色，性也

18世纪末，英国面临着严重的失业和贫困问题。《人口论》是英国学者马尔萨斯针对贫困问题而作，他希望找到下层人民贫困与苦难的根源。从人口的角度寻找解决办法是他的创见。马尔萨斯将自己的论述建立在这样两条公理上：其一，食物为人类生存所必须；其二，两性之间的情欲是必然的，且几乎会保持现状。没有人不依靠食物而生存，且

人物小札

托马斯·罗伯特·马尔萨斯（1766—1834），英国经济学家、牧师和教授。他的父亲丹尼尔是哲学家，与大卫·休谟和让·雅各·卢梭为友。马尔萨斯曾就读于剑桥大学耶稣学院，主修数学，毕业后任乡村牧师。1805年，他成为英国第一位（或许是世界上第一位）经济学教授，执教于东印度公司学院。他的学生亲切地称呼他为"人口"马尔萨斯。

作为生产人口的基础和前提的两性之间的情欲并不会消除。正所谓"食色，性也"。

（二）肚子打的两个算盘

在马尔萨斯看来，食物和人口都可以实现增长，但是人口与食物的增长速度是不一样的。他提出了人口与食物增长的两种不同模式：人口的增长若不受抑制，将会按照几何比率增长，而食物的增长在最好的情况下，也只能以算数比率增长。

> **小知识窗**
>
> "几何比率增长"是指多次方关系增长。马尔萨斯假设，若世界人口为十亿，则人口将按照1、2、4、6、16、32这样的比率增加。
>
> "算数比率增长"是指一次方关系增长，也就是按倍数增长。马尔萨斯假设，生活资料是按照1、2、3、4、5、6这样的比率增加。

这是以不同的速度打响的两个算盘。由于土地肥力不断递减，食物的增长能力在总体上比人口的增长能力弱得多，人口的增长能力占据着优势，要想使人口的增长与食物的增长保持平衡，只能对人口强大的增殖能力加以抑制。

（三）英国人口的"饲养员"

马尔萨斯认为，抑制人口增长的方式有两种，一种为积极抑制，另一种为道德抑制。

所谓积极抑制，即如果放任人口增长，等到超越了生产资料所能供养的程度，那么就会产生罪恶、贫困、瘟疫、饥荒和战争，死亡率就会上升，人口和生产资料之间就可以趋于平衡。

所谓道德抑制，亦称为预防性抑制，即人们因迫于养家糊口的压力，会抑制生殖本能，出生率由此降低。

对马尔萨斯来说，导致"下层人贫困的根源"，就是人口。对于政府来说，管理好人口可以缓解贫困问题。政府的管理对象从人变成人口，于是必须将每日、每地、每人的食物供给作为一项基本工作。

二、人口的"食物"

（一）驱逐"穷鬼"的萨满

在马尔萨斯看来，贫困犹如驱不散的冤魂，永远无法消除，注定有一部分人要生活于贫困之中；政府，就如同驱鬼的萨满，无法永远消除贫困，所做的工作只是将贫困从这一处赶往那一处，将贫困从这一群体中驱赶到另一群体中去。

马尔萨斯得出以下四点结论：第一，工人贫困、失业是人口法则作用的结果；第二，建立在财产公有制基础上的平等社会制度，不过是幻想，相反，财产私有制的社会制度是不可避免的，因为它出自人口的自然法则；第三，工人的工资同样受人口法则的支配，工资水平是随人口的增减而变动的；第四，反对救济穷人，救济穷人即帮助穷人制造穷人。

（二）人性本善，"人口"非也

由此，马尔萨斯推出三个命题：第一，人口必然为生活资料所限制；第二，只要生活资料增长，人口一定会坚定不移地增长，除非受到某种非常有力而又显著的阻止；第三，占优势的人口繁殖力会为贫困和罪恶所抑制，因而使现实的人口和生活资料保持一致。

三、数字的重量

可以看到，面对贫困问题，马尔萨斯是从数学中的数量关系着手理解、解释进而提出解决方法的。这样的方式将原本被认为是将复杂多端的社会历史状况所造成的贫困现象归结为一种抽象的数学事实，关注要点从整体的社会关系转变为可测算的数值关系，从复杂的

> **小知识窗**
>
> 法国史学家布罗代尔（Fernand Braudel）从数字关系的角度思考历史，其代表作《十五至十八世纪的物质文明、经济和资本主义》中，第一卷《日常生活的结构：可能和不可能》的第一章即"数字的重量"，探讨人口作为一种决定性的力量构筑了人们日常生活的基底，而人们又是如何在其提供的各种可能性和不可能性上展开日常生活的。

"人"变成了数学与统计学意义的"人口"。

19世纪以来，数学不仅在自然科学领域取得了惊人的成就，在社会学、经济学乃至历史学领域，数字在解释复杂多变的社会问题上也获得了别样的分析能力和建设效果。

从马尔萨斯的政治经济学到布罗代尔的历史学，人口，抑或人口的数量的统计结果能够成为揭示社会规律的工具，因而其可以且已经成为必备的决策工具。法国人类学家列维-斯特劳斯运用图解法和数学抽象方法对亲属关系进行研究，是数字关系在人类社会研究领域大显神通的又一体现。

从"人"到"人口"，这个转变是如何发生的？又意味着什么呢？数学发展史中，那个在纯粹抽象的数学和具有活力的应用之间摆动的"钟摆说"或许可以帮助我们理解这些问题。正如R. 柯朗与H. 罗宾在

《什么是数学：对思想和方法的基本研究》中所说的：

> 幸而数学家不必去讨论从具体对象的集合转化到抽象数的概念的哲学性质。因此，我们把自然数及其两种基本运算——加法和乘法——当作已知的概念接受下来。①

对此我们不禁想问，向来便是如此吗？答案是否定的。只有希腊数学发展到公理化阶段之后，数学家们才倾向于放弃将数、点等对象看作实在的东西，而不去问"数学的对象究竟是什么"。

在古希腊人看来，每一个数字背后都有其实际意义。对于他们来说，当"V"这一数字出现的时候，它的背后一定有5个苹果（或5根香蕉，或其他5个什么东西，如神圣的存在），如果没有一个确定的实体，"V"对于他们来说没有意义。

然而在今天，当我们说出数字"5"的时候，我们可以不用意指数字背后是5个什么东西，我们所指的，是它在十进位制中所占据的位置。对于我们来说，"5"是从所有包含5个东西的实际集合中抽象出来的，它不依赖这些对象的任何特殊性质而存在。这就是希腊数学公理化发展中最重要的成果之一。这个过程同从社会关系变为数值关系、从人变成人口的轨迹有相似性。数与其量度之物的类比甚至等同，是现代科学技术的一次惊天"魔法"，而我们就是道具之一。当然，马尔萨斯这个"萨满"从未认为自己在变魔法，达尔文亦然。

---

① 〔美〕R. 柯朗，H. 罗宾：《什么是数学：对思想和方法的基本研究》，复旦大学出版社，2005年版，第7页。

小知识窗

罗马数字记法与位置记法

　　在阿拉伯数字（起源于印度）传入欧洲之前，早期欧洲人所使用的罗马数字系统直接建立在加法的规则之上。例如，在罗马人的符号表示中：

$$C\text{Ⅶ}=壹百+拾+伍+壹+壹$$

　　罗马数字记法与现在通用的位置记法很不一样。如果我们想要在十进位制中表示117这个数，就可以表示为：

$$100+10+7=1 \cdot 10^2+1 \cdot 10+7$$

　　在这一形式中，数码7、1、1的意义依赖于它们在个位、十位、百位的位置，这就是所谓的位置记法。

第三节　达尔文写下的关于"我们"的说明书

一、为"人类"撰写说明书的英国自然科学家

（一）22岁的大不列颠南美海岸地图绘制员

　　1809年，查尔斯·达尔文在英国小城什鲁斯伯里出生。在22岁以前，他一直立志献身于上帝，希望做一名虔诚的牧师。在剑桥求学期间，他作为一名博物学家跟随"贝格尔号"军舰进行环球探索之旅。这一段长达5年的旅程改变了达尔文的一生，也开启了关于"人类作为物

种"的思想史的现代化历程。

从这一旅程开始，自然神学的物种不变论在达尔文心中的地位就动摇了。在莱尔和马尔萨斯学说的启发之下，他愈发坚定地形成进化思想和自然选择学说。5年环球航行给他留下的，远比出发时他想象的要多！

（二）"Nature shocks！"

在漫长的5年中，达尔文细致地研究各种地质现象，收集到大量古生物变异、演变的事实，这些都为日后达尔文提出进化论奠定了基石。

惊异于加拉帕戈斯群岛上鸟类标本观察的结果，达尔文逐渐认识到，神学家所笃定的造物主创造万物且永远不发生改变的理论无法解释他看到的事实。海岛上的物种与南美大陆内的物种有着某些相同之处，但又处处都有不同，岛与岛之间属于同一物种的动物也存在差异。达尔文想到，这可能是动物为了适应不同小岛的不同环境的结果。

经由自然带来的震撼，使达尔文敏锐地领悟到，物种是可变的。一个物种完全可以通过渐变成为另一个新物种，生命无须神造！自然的力量代替上帝造物的想法已经在他心中萌生。

（三）"种"鸽子的教授

为了寻求更为全面的证据，达尔文很快痴迷于鸽子的杂交驯养。他相信，在人工的培育下，在有限的时间内，科学家可以在家养物种的身上观察到自然界几千万年来发生的变异。

达尔文用不同颜色、性状的鸽子进行生命的实验。最终他观察到，一只杂交的家养白尾羽和它的祖先野生的岩鸽具有同样的性状。这样，达尔文的那个假设就成立了：一切家鸽的品种都起源于岩鸽。因为只有它的祖先拥有其中一种特征，最终才能通过杂交产生现代品种的特殊性状。而这一切均在人工选择的途径下得以实现。

类比野生动物界的变异，"选择"的权杖不再掌握在人类饲养者的

手里，而是由自然掌握。通过"杂交鸽子"的实验，达尔文断定，这种
巨大力量的选择原理绝对不是臆想出来的。

二、这就是生命

生和命是两个东西，这是达尔文留下的关于"我们"的说明书。如
果说从无到有是"生"，从有到别样的有则是"命"。通过对"命"进
行观察和理论总结，我们也可以沿途返知"生"，所谓从无生有，实际
上是返回距离不足时，对"变来的"之简称。

（一）给猴子祖先请安的英国人

1871年，达尔文出版了他的论著《人类的由来》（*The Decent of
Man*）。这本书阐述了一个很重要的问题：是否像上述的鸽子一样，人
类也是由其他早于自己出现的某些生物进化而来的？

对于这一个问题，此前的神学家的回答是：人类是万能的上帝创
造的，而一旦被创造出来，就不会再发生变化，这是上帝智慧至善的
体现。

但是，正如带给达尔文启发的莱尔所认为的那样，既然地质是渐进
的，物种也可以是渐进的。最终，这本书给人类起源的问题以一个撼动
宗教界的答案：人类起源于某类早于人类的动物。

理解生命的方式经由达尔文留给我们的说明书之后，人从过去的灵
性状态变成了一种生物现象。而生物现象只有比较级，没有最高级，它
是一个连续的进程，一旦超出此进程，便不复存在；可以去思考，但无
法具有客观现实性。

（二）自然的选民

1859年，达尔文出版了《物种起源》，此书的核心观点在于强调自

然选择的力量，排除超自然的创造力量。

按照达尔文的观点，如果人类起源于更早的物种，并且不断进化，那么接下来的问题是，这种动力从何而来。马尔萨斯的《人口论》给了达尔文很大的启发。达尔文相信，在生物后代数量大大超过了自然承受能力的情况下，它们必须进行生存竞争，对环境的不同适应能力决定了它们或成功、或被淘汰的命运，即"适者生存"。有资格做出这一选择的，不是万能的上帝，而是自然。"自然选择"意味着有资格对生存或死亡做出裁决的只有大自然，是她无处不在、无时无刻对所有个体严格地进行着筛选。

人类起源于上帝的必然性被消除了，做出选择的主体现在成了自然。尽管科学尚未能完全解答"存在""有""现象""世界""自然"等的来源，但我们正自信地走在这一条彻底解决这些问题的路上。

三、科学研究的经典案例

（一）科学方法

在这段旅程就快要结束的时候，我们回到本章最开始的地方，再次翻阅《生物学》这本书，是不是应该问：被称为"科学"的"现代知识型"有着怎样的知识生产与运用标准？

在南美洲的地质考察中，达尔文针对自己观察到的现象提出自然选择和进化假说，接着通过杂交鸽子的实验，不断地证明自己的假设，最后排除了上帝造人、物种不变的说法。达尔文的研究被认为是科学研究的经典案例，经历了假设提出、实验观察、推翻与实验观察结果不符的假设等过程。

问题在于，马尔萨斯和莱尔的学说在达尔文的理论建设中提供了关键理念和思考路径。然而，在生物学的叙述中，达尔文的研究作为"经典案例"仅仅是因为它符合科学知识生产与运用的流程，而人口论和地质学原理作为进化论的理念和思路奠基，却没有被纳入其中，更未得到检视和反思，而这在福柯（Michel Foucault）这样的法国知识考古学家看来，正是"现代知识型"的基本历史过程。

（二）从鸽子到金枝：从思考起源的达尔文到思考"科学起源"的弗雷泽

当人类学家弗雷泽把达尔文的理论内置到自己的思考中，以进化论的方式来思考"科学起源"的时候，人类学作为科学在大不列颠闪亮登场。

在弗雷泽看来，未开化民族意识不到自己无力左右自然，因而会创造一些仪式和咒语，企图控制自然。但是，随着仪式和咒语失效的次数逐渐增多，人们开始发现，因果链条搭错了线，自己左右自然的力量是有限的。于是宗教的祈祷和供奉开始出现了，拥有宗教思维的人比拥有巫术思维的人更为文明，因为他们认为只有比人更强大的神才能指挥世界。

但随着知识的发展和进步，人们愈发认识到，宗教思想中假定的世界永恒不变的规律也发生了变化，于是认定只有以自然现象本身为观察基础的科学才能发现自然界客观有效的严密规律。它们并非像宗教所想的那样一成不变，自然界始终遵循一种严密的规律在前进。在未来的某一天，这种前进本身也许会让科学也被其他的知识类型所取代。

由此，弗雷泽得到了"巫术—宗教—科学"的序列及其造成的历史社会状态，并称其为文化类型。此文化类型遵循着进化的方向前行，每一种文化类型都从前一种中出来，并且是其更为高级的阶段。寻找"科学起源"的任务完成了，它在进化的阶序里，在高于前两种不同类型文化的位置得以安放。弗雷泽像一面魔镜把达尔文的理论摄入自己的映像中。而在病床上因读《金枝》而从数学转学人类学的马林诺夫斯基，只身走进了这面魔镜，把其中的映画带进现实，带进伦敦的大学城里，成为知识神殿的新贵。

（三）马林诺夫斯基的文化震撼

与弗雷泽在写作《金枝》的时候并没有进行田野考察不同，马林诺夫斯基认为，人类学家必须要走出书斋、走进田野，经历文化震惊之后，切身感受文化差异；人类学家要做的，是走进并参与他者真正的心态和行为，要从活着的他者现有的存在里发现文化，理解人类的多种可能性，而不是仅仅从物件、谱系等没有生命的资料中获取信息。只有这样，才能给出有关原始人和原始文化的整体图景。

从这个意义上看，人类学践行着弗雷泽找到的第一条魔法：像生像，只有"有生命的"才能理解"有生命的"，从猴子那里无法理解更高级的人类。作为物种或人口的"人类"究竟与"人类"是什么关系？是人类的一种属性，一种可能性，一个面向，一个时刻，或是其本质？是通向人类自我认知的某些通途，或是幻境？这是有待我们思考的人类学问题，也是人类学的召唤。

◇ 本章小结

莱尔的《地质学原理》、马尔萨斯的《人口学》以及达尔文的《物种起源》都是奠定人类学这一思考传统的基石。对这些思路的回顾有助于打开我们思考的精神通道，激活我们关于人类的常识的反思。

生命、人类、现代经验这三者在"现代"这个历史时刻中发生了"关联"，而人类学正是以这个"天生的"关联为起点，对于我们今天的学习而言有着重要的历史意义。

本章或许还能帮助我们注意到，生物学等自然科学、社会学以及我们人类学所属的社会科学，均属"现代知识型"。正是它们充盈了我们现代人的精神特征和文化气质。

◇ **关键词**

地球　起源　生命　物种　人类　人口

◇ **思考**

1. 马尔萨斯、达尔文、弗雷泽、马林诺夫斯基 "经验"人（我们）的方式有不同之处吗？我们应该提出这个问题吗？这个问题值得问吗？为什么？

2. 作为"物种"和作为"人口"的"我们"，是"理性动物"的必要结果吗？或者说，我们作为物种和人口的"事实性"，是符合人类理性的吗？

3. 一棵树、一条狗能否有类似"我们"这样的经验？AI（人工智能）呢？

◇ **拓展读物**

1.〔奥〕薛定谔：《生命是什么？》（版本不限）

2.〔法〕皮埃尔·克拉斯特：《瓜亚基印第安人编年史》（版本不限）

第十章

人类学有"弑父情结"吗：社会科学的自觉、反思与超越

  人类学是一门以"人类"为研究对象发展起来的学科。在不断观察和研究人类的历程中，这门学科渐生自觉能力，渐成特点。甚至可以说，它有了类似于生命的主体意识的智慧，在克服困境的过程中不断地生发并解决自身的问题，进而在延绵不绝的"问题—解答"中生成自身的学术生命。回顾这一段生命历程，若以心理学的方式看会发现，人类学思想史中表露出浓郁的"弑父情结"：或以自杀式的方式"离开"现有自我而去追求和探索"它/异理论"；或通过质疑、否定父辈理论家来重启自己的问题域，探索新的理论，甚至是重新认定整个学科的发展方向和研究方法。

第一节　用"社会"来理解"我们"的学问

　　"我们"都处在"社会"之中，在通过理解社会来理解我们自己这一过程中形成了丰富且精深的社会学思想。"社会学"一词由法国哲学家奥古斯特·孔德（Auguste Comte）首创。他视人们追求绝对原则而忽视社会现实为危机，意欲建立一个足以解释人类社会的总体性理论。他把学科演进的链条视为人的心智发展进程，这一体双面具体表述为某一具体学科的显盛，在次第展开的人类智性历程中，社会学位居科学演化链条（数学→天文学→物理学→化学→生物学→社会学）最晚近的一个阶段。尽管孔德的"社会学"开始作为一门学科发芽生长，但其并未对"社会"提出人类学问题，所结的果实也并非人类学的，而这一事业将由涂尔干开启。

一、不用"社会"这个概念，是否还能思考"我们"

（一）涂尔干说"不能"

　　作为法国社会学年鉴学派的创始人及主要代表，涂尔干及其跟随者，如莫斯（Marcel Mauss）、葛兰言，照见"社会"这样一个特殊的研究对象且将之概念化，并以此为基础开辟出了一个新的学科领域。他们对社会总体事实（the total social fact）及其独特理论内涵的领会，共同为法式人类学意义上的"社会"奠定了坚实的基础。

　　涂尔干强调社会的理念性，认为若把"社会"视为从经验中抽象而来的概念，便难以把握社会作为"总体性"这一理性的超越性理念。

他说过去人们似乎在将"上帝"作为把握这一总体性（理念）的具体形象。在涂尔干把社会与宗教相类比而系于一时，"社会/个人"与"神圣的/世俗的"两对关系均处于二元对立的张力中，考量这些关系及其维系是理解"社会"理念的重要节点。首先，两对关系中的四个元素两两对立且统一，即"社会"与"个人"相对，"神圣的"与"世俗的"相对；同时，每个元素都不能脱离对方而单独存在，不仅必须与对方相依存，还因其获得定义。其次，两对关系本身是相似或可类比的，即"社会/个人"之关系犹如"神圣的/世俗的"之关系。只有在元素两两对立、关系两两类比的动态结构中，才能体悟涂尔干所言的"社会总体性"。这也重申并解释了他在《宗教生活的基本形式》一书中提到的社会与宗教的关系：所有的社会都是宗教的，同时所有的宗教也都是社会的；宗教和社会共处在一个相类比的关系当中，且不能拆分而独在。

作为知识理论的社会学，是理解我们身处其中的"社会"以及处于社会中的"我们"的关键，它奠定了法国人类学传统的"社会"偏向和结构主义脾性。

小知识窗

现代汉语中的"社会"一词是从日本"借"来的。日文借这两个汉字翻译"society"。严复曾将其译为"群"，将社会学译为"群学"。人类学语境中的"社会"来自孔德1822年提出的"社会学"（Sociologie），随涂尔干的影响的拓展而成为人类学领域一般性思考的基本概念之一。

（二）涂尔干要对康德说"不"

德国古典哲学的代表人物康德在面对英国经验主义崛起、自然科学猛进的局面时认为，构成人类经验知识的全部可能性的条件不仅与每个"我"，还与向每个"我"出现的显像（appearance）一并被给出，但它们都并非源于经验，而是先于经验，与我们知识能力的诸形式，如时间、空间等范畴共同奠定着经验的可能性。

涂尔干则认为我们知识能力中所启用的范畴只能来自作为总体的"社会"，因此康德的"我"的"个体性"，并非可以被孤立地给定而出现，尤其是在理念层面上，它必须与"社会/总体"相对而存在。这一关系的基本形式奠定着"显而易见"的社会现象：具体的个人在生活中经历着社会的影响和制约的同时，自主地"活一出/在"其社会关系及其意义中。涂尔干因此反对康德把人类知识的来源放在（离开社会便不复存在的）个体的纯理性中，而是强调个人的知识既不首先来自经验，也不来自纯理性，而是来自作为"总体"的社会。

范畴，作为思考的形式，既不是先验论认为的先于经验和我们知识能力的纯功能，也不是经验论所认为的产自外在于我们的客观事物，范畴所表现的是诸事物之间所存在的最普遍的关系，其基本形式只能是"社会/个人"与"神圣的/世俗的"这两对对立关系的类比结构。

（三）吃法国大餐是有"文明"这道门槛的

涂尔干关于社会的诸多概念同法国启蒙运动与大革命分不开。他继承了孟德斯鸠、卢梭等人关于"普遍人类"的概念及启蒙思想，这一思想的目的性和理性表现为文明及其进程。

启蒙后的欧洲弥漫着"上帝已死"的氛围，涂尔干却借"上帝"类比"社会"，在欧洲人精神内化于心、尔后又虚空的这个具体可把握的形象处，灌入作为总体的"社会"这一理念。他把"社会"纳入心智结构中，为理解"普遍人类"提供形式性前提，以便人们可以思及、谈及这个无法仅凭自己身处的时代、地方来推断的理念，或靠统计学量化所谓"全球人口"便可覆盖其本质性内容的对象，从而信守诸如人人生而平等、自由博爱等人类文明的标志性原则。对社会的认识就意味着对"普遍人类"的认识，对"我们"这一般性人类及其（存在结构智性的历时表达）文明的认识。只有在这些基础上，才能理解法国传统意味着什么，才能吃到"法国文明"这一餐。

法国人曾抱有这样的看法：法式菜肴并非国家意义上的饮食，而是"文明菜"，吃它就意味着做"文明人"；坐上法国大厨的餐桌，遵守其礼仪，懂得享用其饮食，就等于在文明的圣坛领受圣餐。

二、比法式大餐更难触及的是法国人的"总体性社会事实"

（一）一个没有政府和法律的"社会"是否可能

第二次世界大战前后，英国人类学家埃文思–普里查德（Edwarcl Evans-Pritchard）在英属苏丹地区调研时"发现了"这样一群人：没有所谓的"头儿"，如酋长、国王，也没有制度性管理机构，不存在我们一般认可的政治统一体及其形式，却有秩序、有社会、有自己的团结和神。通过细致观察与研究，埃文思–普里查德在其民族志《努尔人》中呈现了这样一个没有国家和政府的人群及其社会生活是如何通过生活方式本身组织起来的。他围绕三种类型的关系——政治、亲属和年龄组关系——描述出努尔人如何展开有序的生活，最后在理论层面提出裂变制度的概念，从而概括其社会结构。在该制度之下，对立统一的原则饱满地在现实进程中达到了社会的动态整合。

埃文思–普里查德对社会的研究看似与涂尔干从结构中探寻社会存在及本质有相似之处，但作为拉德克利夫–布朗的学生，其研究中更多体现的是结构功能主义意识。英国人类学传统中向"社会"发问的方式，如"一个没有政府和法律的社会是如何成为可能的？"与法国人类学传统将"社会"作为一个先验的总体（观念）置于个人及其经验之根来奠基社会生活相比，存在巨大差异。从法式传统看来，英国人类学只是以经验追逐社会"团结"的具体模式，早已假定了"社会"这个前提条件。

（二）一个没有分类和结构的"社会"是否可能

　　《原始分类》一书为我们展现了分类如何实现社会秩序的整合与建构，据此在经验层面指出社会事实所具有的总体性。这个"总体"不是单项相加的结果，即不是从经验的"多"中抽象出来的，而是需要通过分类的分析和结构的综合对整体性加以理性的理解。这不免引得我们发问："一个没有分类和结构的'社会'是可能的吗？"这里以路易·杜蒙（Louis Dumont）对这一问题的探索为例来启发我们。

　　杜蒙是莫斯的学生，他沿袭着法国人类学传统，但仍能反过来观照现代性。他在第二次世界大战被俘后被囚于汉堡战俘营。与狱友学习梵语的经历使他将目光投向印度社会。印度种姓制度将印度人分为婆罗门、刹帝利、吠舍和首陀罗四个等级。20世纪初英国殖民政府的人口普查和西方印度学者在面对这样的分类时发现其常常是含糊的。杜蒙认为这不过是普查员和学者们受具体经验领域内的矛盾和含混所惑，并不意味着当事人是含糊的。经过多年民族志调查，他发现印度社会秉持一个原则：以"纯洁/不纯洁"为标准在具体处境中分出种姓类别并规定具体关系。这一起决定性作用的原则能够穿越地域、时段的复杂多变，让印度人在种姓、等级及相应的生活样式、工种等不同场景中有逻辑地辨别、分类的同时，也维系着不同类别间的礼制性的关联。

在印度，越纯洁的人，社会阶序越高，越易被污染，也因此与其他等级的接触越需要被严格规定，故而也越需要排他性的职业和严格限制的生活样式。以"纯洁/不纯洁"的标准，而不是固定在某种属性，如谱系、政治经济地位、资质的分类标准，人们总能根据纯洁与不纯洁之间富裕的弹性尺度具体而有效地对具体处境中的人群进行分类，而不必将自己囚死于某内在属性的僵化分类里，陷于实践的矛盾中。如此，在一个区别了"神圣/纯洁"与"世俗/不纯洁"的关系结构中，社会各阶层的动态秩序足以应付千变万化的经验处境及其不确定性，社会总体便能保持恒常。

杜蒙这次探讨"社会"的学术活动，也是具有民族志意义的一次生命行动。他从印度回到法国人类学传统，对"社会"本身进行了审视和反思，又以印度反观阶序和社会间关系的原则性，而非历史性或制度性。甚至，他借印度的遁世修行者（Renouncer）进一步探索在历史或制度意义上脱离社会这个总体的"绝对个体"，打开了一种将涂尔干的"社会/个人"结构推出"基本形式"的可能性。

（三）在美国受尽"民主"折磨的法国贵族托克维尔

与杜蒙"追"阶序不同，托克维尔（Alexis de Tocqueville）在美国的民主中观察"拉平"（Levelling）。在《论美国的民主》一书中，托克维尔具体且形象地描述了民主在美国是如何存在的。比如，美国人的喋喋不休：一个美国人不管在什么时候、面对谁，都能说个不停，不管对方是否喜欢听，总是持续不断地输出自己的观点。而且，美国人似乎什么话都能摆在桌面上说，且言者听者不讲高低贵贱，不预设谁的标准或原则为上，而用理性来共同解决具体问题。他还发现美国没有所谓的"少女"，即一种天真烂漫、憧憬美好爱情的性格。他在美国遇到的女孩从小被教育得非常理性，知道自己应该要什么、怎么做才能够达成目标，连恋爱和结婚都是经理性规划的。这对托克维尔来说无疑是一种震撼。总体而言，美国的民主好像把每个人都向一条水平线上拉，结果"拉平"了社会，使更多美国人觉得自己比欧洲大多数人更有尊严，更有可靠的基本生活保障。

人物小札

　　托克维尔出身于法国地主贵族家庭，是政治思想家和历史学家。法国"七月革命"之后，社会动荡，他深感贵族统治没落。时值法国国王也欲寻究民主在法国是否可行，于是他受命前往美国寻找答案。托克维尔认为没了欧洲社会的等级结构，美国的民主平等似是先天生就的，像个"人类政体实验室"。1831年，他在美国进行了近十个月的观察与思考，最后写就名作《论美国的民主》。

　　当社会处于"拉平"中，我们又该如何去认识个人和社会的关系呢？这是否危及涂尔干所说的社会呢？作为总体，社会能否以"拉平"的民主来达成团结？可否通过个体为民主而行动，如以投票的数字关系来杜绝人为主观因素的偏误等，以此实现一个"总体性"进而承载全人类的命运？

三、"红伞伞，白杆杆，吃完一起躺板板"

（一）末日的蘑菇

　　2021年，云南消防用以宣传安全食菇的小视频走红，一首云南民谣传唱一时：

　　　　红伞伞，白杆杆，吃完一起躺板板。

> 躺板板，睡棺棺，然后一起埋山山。
>
> 埋山山，哭喊喊，全村都来吃饭饭。
>
> 吃饭饭，有伞伞，全村一起躺板板。
>
> 躺板板，埋山山，大家一起风干干。
>
> 风干干，白杆杆，身上一起长伞伞。

夏雨后，野菌便冒出来了，这也是云南大小医院接收野菌中毒患者的一个高峰期，患者轻则出现幻觉、呕吐、晕倒，重则死亡。当地人熟知这一点，但一年一度的"采菇食菌"仍是当地夏天的重要活动，我们或许可以从中体会到涂尔干所说的总体社会事实。

首先，自然与人通过这一冒险活动直接高度相关。为这一自然恩赐的美味所吸引，当地人与自然的关联出现年度性重复上演，超出理性考量和制度安排。食菌和当地人集体的身体感知也产生了关系，以致他们都认为"没吃菌子的夏天不叫夏天，不吃菌子非云南人"。

其次，如民谣所唱，食菌仿佛是一种自然魔法般的召唤，当地人也社会性地主动接受这种召唤。食、共食、死亡、丧葬等均在社会关系中结构化"食菌中毒而亡"这一经验事件，因而从一人食到"全村一起躺板板"，待来年山上冒出野菌，又召唤人前往食之，不断循环。民谣表达着一种总体的完整的社会事实。

（二）超出末日的社会

涂尔干研究社会是寻找其"基本结构"，该结构在现存的简单社会（即常说的"原始社会"）中更易察觉。社会结构从简单到复杂不必然是历史演进的，也可能是结构性偶发，有统计学意义上的重复，故而涂尔干的社会没有一个从简单社会一步步发展成复杂社会，或是拥有从低级到高级的发展历程。他把握的是所有社会必备的最基本的形式，以它们关系之有效持续存在来理解一种先于经验的总体理念，因此这也不是罗安清的"末日松茸"般无状的社会可以击倒的，因为它先于经

验，具有理念性。对任何可能来临的，总体性都因接受它而得以被视为
"社会"。

（三）欧洲精神锦标赛

可见，不同国家传统中的思想者把社会当作研究对象时，向它发
问、解答的方向迥然不同。英国属经验主义的，往往认为只有在法律、
政府、政治理想这些原则和目标的指导下，才能形成有结构和秩序的社
会。法国学者，尤其是涂尔干等思想者则在结构中探问，不追求起源和
发展的"链条"，而是先奠定一个理念以提供"观照"具体社会事实的
"那一束光"，以便相关经验得到一个总体的安放处。它分辨简单社会
和复杂社会中留下的最基本的形式——"社会/个人"和"神圣的/世俗
的"，在此之上，社会可以不断复杂化。在德国思想体系中，社会和历
史一体两面。如黑格尔看到的那样，历史作为精神自身的运动是社会内
在的发展规律。打个不恰当的比方，如果说一个人是一个社会的话，他
的生命就是历史。而马克思看到的社会是一个从低级状态不断按照自己
内在逻辑向高级发展的一个过程，发展本身有属于自己的规律，这个规
律可以科学地被认识。

这些差异是否可以让我们不止于走前人以"社会"来理解"我们"
的路径，而是有更多敞开视域的激情？在此之前，我们还有另一条大道
可供游历。

第二节　用"文化"来理解"差异"的学问

美国人类学家罗伊·瓦格纳（Roy Wagner）在《文化的发明》一
书中指出，"文化"往往是外来研究者，尤其是美国人类学家，在对被
他们称作"他者"的对象进行研究时所启用的概念，并非研究对象普遍

拥有的。他甚至认为，"文化发明"正是美国人的文化——对创造性的一种无限追求，总将那些反映现实的人为活动进行假设，转而将其确认为创造性的艺术并称为"文化"。

英国人类学家亚当·库伯（Adam Kuper）在《文化：人类学者的解释》一书中以做民族志的态度追溯了"文化"概念在欧美思想传统中的历史，描述了"文化"如何对欧美造成智识上的强迫性，从中呈现出欧美各国学者面向文化的不同动力、态度和行动，并将它们称为关于文化的几个思想谱系；尔后又转向把"文化"视为战场的美国人类学界，勾勒出从欧洲转入、由美国人发展出来的"文化"概念如何在20世纪中后期成为一个普遍适用的政治斗争标签。库伯还发现，欧洲知识分子不约而同于1870年代和1920至1950年代两次叩问"文化"和"文明"，使其成为重要议题。

一、"命运杯"锦标赛

（一）替换"上帝"上场的文化、文明和教养

当库伯看到被"天真的"美国人类学家当作金科玉律的多元文化相对论在南非触礁时，他开始发问："文化"从何时、为何登上我们精神的历史舞台？

随着启蒙运动、法国大革命等欧洲精神历史事件的发生，人们被迫面对上帝退位后的虚空，这使人类的命运靠人来判断而不再由神启示。那么，到底凭什么来判断呢？"文化"被提出，并得到了普遍认可。一个民族和国家的命运由其文化来决定，犹如一个人的命运由其品性来决定，或一个物种的命运由其适应环境之能力来决定一样。"文化"一词也由"耕耘土地，使其肥沃"之义被引申为"耕耘人性，使其美丽"。文化是品性，也是后天对先天本性的培养或规训，此时"文化"成为

"自然"的一个类比性解释框架。

（二）浮士德之灵的躁动

德国学者斯宾格勒（Oswald Spengler）在两次世界大战之间写成巨著《西方的没落》。不同于达尔文的线性历史文化进化论，他提出了文化形态学视野下世界存在的八大心灵（Soul，或魂），每个心灵生为一文化、死为一文明。其中，欧洲有过两个心灵，一是古典的灵，一是浮士德之灵。后者展开为西方现代文化和文明，与其他相比，它具有追求无限、动荡不安、向往精神深度等特点。欧洲浮士德之灵在英国成熟并死亡后，作为文明扩张到北美。

从斯宾格勒的一家之说中，我们或能得到满足，不再为库伯之问所困，然不论其思如何创新、奇丽，满足我们的精神，仍不免为常人经验所不受。故而仍转回库伯，看看他所梳理的欧洲文化概念之谱系。需要注意的是，首先，该谱系虽暗含了比较，但四国并非孤立地通过文化把握各自命运，而总是在相互区别或参照中理解到一种确定各自命运的文化，尤其在德法之间；其次，把握文化概念和理解作为理念的文化之过程也是在经验中"认出"和"接收"这般文化的过程，故四国对文化的不同把握同样也伴以他们各自"经验"到的文化事实，因而应注意文化理念、概念与文化对象、文化客观现实处于"对应""配对"的综合统一过程。

二、文化谱系"四家"

（一）英国谱

随着宗教没落，理性发展，"整体的人"之形象愈加清晰。英国工业发展趋势虽好，其思想界却面临了一场空前的精神危机，涌现一众新话题，如工业、阶级、大众。

雪莱认为当下存在"诗歌和玛门①之间的斗争"；马修·阿诺德（Matthew Arnold）直接将文化定义为"我们已知的、最好的东西"，他认为只要拥有文化就能认识"人类精神的历史"，但文化现在正受到工业大军的围攻、物质主义的侵袭，换言之，文化被玛门所控制，被工业化所破坏。文化的另一敌人是大众文化。彼时的"文化"指少数人享受的高级艺术，是欧洲精英阶层的生活方式，具有判断价值和区隔作用。艾略特（T. S. Eliot）和李维斯（F. R. Leavis）都认为大众不仅不懂得真正的文化，还生产"垃圾"吞噬原本真正的文化。对于具备马克思主义传统的人来说，文化在阶级斗争中占有一席之地。高级文化掩盖了富人的勒索行为，虚假的大众文化迷惑了穷人，只有大众文化传统才能对抗大众传媒的腐败。

总的来说，正如雷蒙·威廉斯（Raymond Henry Williams）所言，文化和文明是场漫长的革命。

（二）法国谱

作为英国人的库伯想当然地觉得法国人的文明继承了英国生物学家达尔文和英国文化人类学家爱德华·泰勒的历史演进论和人类同一理论。实际上，法式文明大餐并不容易享用，人类同一理论不能简单等同于涂尔干的社会总体性，更不必说带着社会理性及目的性的文明进程并非达尔文式放手给偶然性的"适应"演进。库伯以为法国文化谱是用文明取代上帝，用理性代替宗教，因此认为法国人沿着序列不断发展，向着更先进的科学、更高尚的道德、更协调的秩序以及更令人满意的政府奋进，发展与提升的动力主要来源于理性。

尽管如此，库伯当然不会忽略法国关于文化的思维传统是在与德国

---

① 玛门，即Mammon。《新约》中耶稣用来指责门徒贪婪时的形容词，被认为是诱使人为财富互相杀戮的邪神。

相互对立中发展的，前者重视全球性、普遍性、贵族性以及物质性，而后者则重在地方性、特殊性、平民性以及精神性。

（三）德国谱

库伯将德国文化谱奠基于浪漫主义。浪漫主义强调"民"（Volk）的重要性，重视文化的民族性；认为每个民族都有自己的历史及环境与独特的命运及使命，每个民族的文化都表达着各自的精神，即"民之精神"（Volksgeist）。赫尔德表示，进步不应以普遍性的文明为准则，普遍理性只会遮蔽每个民族的特殊性，故其反对法国普遍性的精英论，认为从古希腊、罗马时期沿存至今的高雅艺术并非文化生命之源泉，呼吁大家从民间寻找人民的智慧，因为那儿才具有文化生命力，这正是"民之精神"的存在本身。那时的德国涌现出一大批在田间地头寻找民之本真文化的民俗学家，以期从中探明本民族的独特性与自身的精神。德奥传统的民俗学（Volkskunde）故此不同于英美谱中的民俗学（Folklore）。

（四）美国谱

正如瓦格纳自察的那样，美国文化的特点在于发明文化。当博厄斯把德国的文化概念带到美国时，是以土著文化而非社会研究开拓美国人类学学科的。作为美国人类学之父，他并未建构体系清晰的文化理论，他的学生便从不同角度展开他的思想，有的甚至叛离了他而形成了不同的学说，这些一并奠定了20世纪的美国人类学。然而，当时社会科学界的领军人物帕森斯（Talcott Parsons）的理论对发展正盛的博厄斯学派造成了冲击。为回应帕森斯的挑战，克鲁伯和克拉克洪收集整理了160多种关于文化的定义后，给文化下了一个综合性定义。

20世纪80年代，格尔茨刷新了学界对文化的看法，将文化喻为"意义之网"。于是，文化被看作一个被编织的文本，人类学家则成了解读并书写这个文本的人之一；对文化的分析不再属于实证学科，而变成寻求意义的阐释学科。众多人随他弃绝了实证主义和行为主义，建立了阐释的象征人类学。另一边，施耐德（David Schneider）再次从亲属制度出发，发现亲属制度并非生物学意义上的自然体系，而是文化建构的结果。这一分析突破了美国地方性知识的桎梏，深入象征和意义体系，发展了另一种关于文化的理论。库伯还列举了萨林斯对传统文化认识的反思：文化不过是行动者以历史的方式被再生产出来的结果。

库伯的思路让我们目睹了文化这一概念的崩塌，他带着我们去思考文化到底是什么，而不是安居其上去谈文化的某种属性。

三、各家谱系内文化差异之因

（一）"落后了"

在英国经验主义奠基的自然科学，尤其是达尔文的学说以及法国大革命对总体人类发展的乐观主义的照见下，人类学早期大多以落后或进步来理解"经验"到的文化差异，用时间的序列关系来理解空间的差异。这一解释文化差异的方式至今仍有强大吸引力，我们甚至将其当作"常识"。

（二）"传播了"

为反驳以时间解释空间的思路，地理传播论认为文化之变缘于其在交流中发生的位移。德国地理学家拉策尔（Frederick Ratzel）采用实证的方法，将地理环境与文化研究结合起来，首次阐述了文化传播的现象，认为文化的传播皆因民族的迁徙。格雷布纳（Robert Fritz Graebner）系统地提出了"文化圈"理论，即认为世界上存在多个文化圈，同一个文化圈内有相似的文化现象，文化具有地理意义。里弗斯（William Halse Rivers）是英国传播学派的先驱者，他反对格雷布纳的机械传播论，认为文化不仅是传播的结果，其内部还存在进化机制。而将英国传播学派推向高潮的是史密斯（G. Elliot Smith）和佩里（William Perry）二人，他们认为世界文化都来源于埃及，这种极端论点也被称为"泛埃及主义"。

虽然传播派内部对文化有不同的见解，但总体来说，他们都认为人类并不生产文化，只是文化的搬运工，文化具有重组机制。

（三）"翻转了"

关于人类的起源主要有两种说法：一是非洲起源说，认为现代人都是线粒体夏娃的后代；一是多地起源说，认为亚洲、欧洲、大洋洲都是人类的起源地，各地按照自己的历史进行演化。人和动物因不同的智力进化，自然却在某种情况下翻转为文化。在以上偏倚时间或空间的归因路径为支配权而斗争时，一种结构性路径跳出它们的死循环，认为文化的差异来自离开自然过程中的步伐之别。

法国人类学家列维−斯特劳斯用结构主义方法研究美洲神话时发现，看起来庞杂的神话其实只有一个内核，即自然与文化的关系。如他所言，我们现在所说的自然与文化实际上已经是处在文化的背景中谈的一对关系，原本纯真的"自然"已逝，成了"文化"。就像放在桌面上的硬币，我们只能看见有花的一面时，恰如文化没有进入结构以前一样，只有自然现

小知识窗

《我们都是食人族》一书由列维−斯特劳斯的17篇文章集合而成。他在书中探讨圣诞"习俗"为何风靡全球、女性割礼是否侵害人权、亲子关系应基于血缘还是亲缘等议题，用结构主义和人类学的眼光审视自己身处的时代和社会，反思科学与自然的关系，告诉我们"所谓复杂或先进的社会，与被误称为原始或古代的社会，两者之间的距离远较人们认知的小上许多"。

出；当硬币翻面后，有字的一面展现在我们面前，而花面被覆盖在桌面上，从此硬币呈现为文化。而我们作为文化化的人，所谈论的自然不过是在文化参与的情况下，在新的分类标准下进行的次级分割，所切割的是"文化的自然"，而那个原先的"自然"只能且必须假定为文化的前提，是无从得知的文化"实—在（actually to be）"之条件。故而这"文化"是我们有意识时便已然如此这般"实—在"了。

第三节　用什么"学"来理解人类学"学科"

"社会"和"文化"都遭遇了挑战，作为我们去把握人类学学科的方向、路径或基调，不再安得人类学的"学"之尊名。那么，当我们走向人类学时，还有什么"学"能作为一套图示让我们去把握和想象它呢？

一、信息科学，还是伦理学

（一）人类学就是媒介

早期的人类学家，如马林诺夫斯基，在进行田野工作时，运用文字记录工作细节，再以民族志的形式加以呈现。随着现代信息技术的发展，录音笔、摄像机等设备不仅是人类学家重要的工作助手，更开启了以音频、视频的方式来呈现调查内容、表达他者的可能。这种方式相较于文字更为多样、丰富和传神，更贴近许多无文字社会以视、听、说为中介的生活。1922年上映的《北方的纳努克》（*Nanook of the North*）便是例证，导演弗拉哈迪（Robert Flaherty）也因为此影片而被誉为

"纪录片之父"。

无论是文字，还是音像、图画，人类学似乎都扮演着媒介的角色，传达出信息即可，而马氏坚持认为人类学的书写或呈现是科学报告，具有客观性。第二次世界大战后崛起的人类学家，如格雷戈里·贝特森（Gregory Bateson），在美国信息、系统等理论的影响中开始探索在科学报告和艺术之间更传神地表述他者、更主动地参加双方一切信息流动的回路，其犹如一套会学习的动态机制，帮助学者和报道人共同投入、谱写"真实"，包括他们自己的控制论生成和存在，心智和自然的边界由人之间互相认知的信息回路来消弭。

（二）知识的话语

用信息科学和媒介理论来把握人类学意味着进入"对话"的动态权力关系之中，这难免把人类学拉入福柯的知识、话语和权力体系中来，这样的人类学不可避免地成为所谓"宇宙政治学"。

后殖民主义基于福柯的"知识—权力"话语理论与萨义德（Edward Waefie Said）的东方主义理论，关注那些处于权力底层的人群，这使得伴随殖民地兴盛而发展起来的人类学成为靶子。萨义德认为西方拥有自己的话语权，他们凭借这个权力建立了有利于自己的叙事系统。在这套系统下，东方形象是被建构起来的，被认为是愚昧落后和非文明的代表，是为了突出西方开化、先进和文明的形象而产生的，因此，被西方展示的东方形象实际上并不真实。

另一方面，非西方的宇宙技术释放出了技术的多样性，正成为一个巨大有机体系中与西方现代技术发生共振的"别样"信息和技术。[1]当信息科学、量子物理观、基因科学、合成化学等高度融合时，人类学又如何向"人类"发问，或提供发问的提示与基调呢？

---

① 许煜：《论中国的技术问题：宇宙技术初论》，卢睿洋、苏子滢译，中国美术学院出版社，2021年版；Eduardo Viveiros de Castro, *Cannibal Metaphysics*, Ed. Minneapolis：University of Minnesota Press，2014.

二、生物学，还是化学

（一）经验和分析之路

马林诺夫斯基心系这样一些问题：人类学在何种意义上才能算得上是科学？如何像自然科学研究自然物一般研究文化和社会？他先通过观察和实验分析出文化要素，进而去发现文化中恒久重复且得以被不断验证的要素。于是，他在土著中发现"功能即文化"的真谛。

基于经验，只用分析，尚且不能认识自然物，更不必说人了。马氏充分知道这一点，不过为了确立起人类学的学科身份和人类学家的职业地位，他不遗余力强化其科学性而坚守经验和分析。

（二）理论的先验进路

薛定谔（Erwin Schrödinger）在《生命是什么？》一书中提出，有生命的物体会避免变成混乱和无序的状态。这种混乱、无序的生命现象被他称作"熵"（Entropy），而生命的奥秘就在于抵抗熵的增加，保持有序结构，于是，生命归于物理学意义的熵运动，"有机体正是以负熵（negentropy）为生的"。[①]但正如他的演讲针对的是古希腊哲人对生命、"在"等本源的追问，负熵和基因的信息处理若有一日在数学中贯通生命"自由""自在"的边界，那么我们是否能信任这些先验理论的推理及技术可以安放我们的灵魂、自由和思想？彼时，人类学或可易名为"熵类学"吗？人和技术真的可以在有机体系中构成信息回路，成为该巨大体系的部分器官吗？

---

① 〔奥〕埃尔温·薛定谔：《生命是什么？》，张卜天译，商务印书馆，2018年版。

（三）智能技术的进路

贝塔朗菲（Ludwig Von Bertalanffy）在《生命问题》一书中反对滥用机器人模型来说明人的形象与行为；同时反对将人类社会与生物群体进行机械类比的生物主义，指出人不仅有生物学价值，更重要的是具有文化价值。[①]当学术界对机器人和人类做出区别时，影视作品《黑镜》通过女孩与机器人男友的故事告诉我们，不管机器人的"形"多真实，它仍没有属于人的"神"，不具有人的复杂性。

从通过区别于野兽来肯定人、独立于神来树立人，未来我们是否必须面对机器人、人工智能和脑机结合来敞开人的生成性存在？或以利奥塔（Jean-Francois Lyotard）所说的"非人"（inhuman）为人的"别样"？又或者这个问题已然不重要，如同翻转的硬币，技术体系的巨大有机体将收纳一切。我们学习人类学时又要如何觉察并思考人类学之"学"的前提、形象、生命、命运？或像人类学之初与"文化"共生那样，我们将如何与"文化"一同再次降生？

三、人类学的"学"有什么文化

（一）克鲁伯大楼：文化战争

2021年1月26日，加州大学伯克利分校的人类学系和人类学博物馆所在建筑——克鲁伯大楼（Kroeber Hall）被校方正式除名。伯克利人类学系首位教授、美国西部人类学研究的开创者克鲁伯的学术价值象征，因师生不能容忍其"罪"而被除名。1911年，克鲁伯将美国原住民亚纳族

---

① 〔奥〕路德维希·冯·贝塔朗菲：《生命问题》，吴晓江译，商务印书馆，1999年版。

亚希群（Yahi）最后一位幸存者带回伯克利人类学系，为他取名为"伊希（Ishi）"，使他成为旧金山一博物馆的"活展品"。1916年，伊希死后，其尸体被解剖以满足学术研究需求，这违背了他向克鲁伯表达的火化意愿。在现在大多数师生看来，克鲁伯的许多研究对少数族裔产生了不可估量的伤害，他的行为与殖民主义和种族主义有直接联系，只有将其名字除去，才能显示出学校包容性的价值观和支持多样性的观念。

小知识窗
最后的亚希人

　　白人定居者侵占了亚希土地后对亚希族进行了残酷的屠杀，伴随外来疾病，亚希人所剩无几。在40年的逃亡后，伊希与其余三人的桃花源也被毁灭——1908年，某公司的测量员在野外发现了其生活遗迹，并对营地洗劫一空。幸存的伊希被发现后，由克鲁伯和沃特曼安顿在了博物馆。由于亚希族传统文化不允许伊希直接言说名字，只能由他人提起，克鲁伯替他取名为伊希，亚纳语"人"的意思。

图10-2　克鲁伯（左）和伊希（右）[1]

————————

[1]　图片来自Berkeley News：https://news.berkeley.edu/2021/01/26/kroeber-hall-unnamed/。

对在研究美国原住民的基础上发展起来的美国人类学来说，克鲁伯的除名无疑意味着美国人类学的危机。这场危机呈现出怎样的文化？中国学子该如何走向人类学？这些问题都值得深思。

（二）远方的家：世界人民大团结

当旅行日益成为一种常态化生活方式时，我们或许会忘记它也是人类学民族志的一部分。只有在行走、体验与发现中，我们才能够短暂地离开自我，观看他者，形成关于世界的知识，这是一种无法在浩繁卷帙中形成的知识。当英国人类学在走向世界中发展了人类学，西方人类学用他们自己的视野看遍了世界之奇伟，中国人类学能否在远方栖居，以远方为家？

曾经，"到民间去！"的呐喊生发出了"中国社会"的知识；现如今，"海外民族志"不仅意味着中国从民族志的观察对象转变为民族志的叙述主体，更饱含着开启中国社科知识新征途的愿景。高丙中教授所提倡的"海外民族志"试图超越家的边界，面向世界，形成看待世界的眼光。以远方为家，与世界人民团结的理念或可成为中国人类学家的"梦之马"。

✧ 本章小结

1. 明确不同时期人类学思考所启用的关键概念。

概念有出生地，比如"社会"一词，是否意味着它是"法式经验"的缩写？这个词在学科生命历程中"一般化"，是否意味着它就具备了"普遍性"？这个特殊的学术概念，是否有被滥用的危险？如果我们进一步追问，人类学也是有出生地的，它没有降生在新世界其他探索者所在的国家——比如西班牙、葡萄牙、荷兰，而独在大不列颠出生了，那么，今天学习人类学的我们，要如何去接纳这个有"出生证"的知识？我们这样发问恰当吗？这是个真问题，还是伪问题，还是"有出生证的问题"？这样问有意义吗？

2. 激发我们对人类学"思考生命历程"的好奇和追问。

思考，常被哲学家们认为是比人更为纯粹和原初的存在，人类（the human being）甚至就是在思考中［is（being）/becoming/as human］的，因此，拟人地认为它也是有（非生物学意义的）生命历程的。如果人类学思考有生命历程，而我们现在要去谈论它，便只能用诸如"社会""文化"这样的关键词，它们是不同时期的人类学家用来思考、书写和交流的基本概念。当我们如此去"经验"这些概念时，我们会陷入一种震撼，我们挂在嘴边的这些词原来竟然是人类学这个"异国他乡的土话"！经历着这样的震撼，我们或许可以与人类学真正建立起精神关联，这也或许可被称为"在学习人类学"。

◇ **关键词**

社会　文化　知识　权力　学科危机

◇ **思考**

1. 在"社会"之外，是否有思考和言说"我们"的基本概念？

2. 用"文化"去思考"我们""他们"或"你们"时，有人类学家说人类学不过是把"我们"对"他们的无知"，转述为"他们的文化"，对此你怎么看？

3. 文化人类学是现代社会科学下面的一门学科，作为学科的文化人类学，能否成为它自己的研究对象？

◇ **拓展读物**

1. 〔美〕弗雷德里克·巴特：《斯瓦特巴坦人的政治过程：一个社会人类学研究的范例》（版本不限）

2. 〔法〕克洛德·列维–斯特劳斯：《我们都是食人族》（版本不限）

第十一章

人类学的"板眼儿"：医学、媒介、实验室

 导言

《人类学家来了》（*Anthropologists! Anthropologists!*）这幅漫画表现的是，当地人在人类学家到访的时候藏起"现代"，展示"传统"。由此我们不禁要问：以研究原始社会起家的人类学在现代文明四处蔓延的社会中如何继续生存？人类学学科和精神能否继续开枝散叶？

通过本章的内容，我们会发现在医学、媒介、实验室这三个现代生活中锚定个体和群体的"准心"中，人类学依旧长袖善舞，表现为：第一，作为学科的人类学与其他学科亲密互动；第二，作为精神的人类学具有深邃的穿透力、深刻的反思性。这些似乎都正回应着我们的问题，提醒我们人类学的"名堂"不只异邦和史前时代，还有更多的可能性等着我们去探索。

第一节　"对症"必须"下药"吗

一、一个在医院做研究的人类学家

《文化语境中的病人与医生》出版那年，凯博文（Arthur Kleinman）夫妇已经开始了在长沙的田野研究，后来形成了《苦痛和疾病的社会根源：现代中国的抑郁、神经衰弱和病痛》一书。这是凯博文所有著作中的唯一绝版之作，也是一部标志着凯博文思想真正成熟的具有里程碑意义的著作。此书延续了《文化语境中的病人与医生》的许多基本问题，从文化比较追溯至社会根源的分析，讨论更加集中和深入，写作也更加纯熟和圆融，堪称医学人类学当之无愧的经典之作。

1978年，凯博文来到中国大陆，对不少门诊病人做了访谈，成为最早进入中国大陆做研究的美国人类学家之一。1980年和1983年，

小知识窗

躯体化（somatization），指病人以躯体症状表达心理不适的倾向。即便是前往心理门诊的病人，一开始主诉的也往往是躯体化的症状，如头疼、胀气等，而不是心理门诊"应当"处理的情绪和认知方面的障碍。20世纪80年代以来，世界各地的精神疾病专家就这一现象进行了一系列跨文化探讨，其中就包括凯博文，他的研究将"躯体化"现象置于社会文化层面而不仅是纯粹放在医学和精神病学的视野中来看待，促成了"躯体化"研究的文化转向。

凯博文夫妇在湖南医学院分别做了5个月和4个月的研究，深入参与湖南医学院的单位生活，并在严格保障私密性的环境中对病人进行访谈。这项研究不再像前一本书那样涉及医学的方方面面，而是集中在"神经衰弱"这一问题上。凯博文认为，中国医生诊断出的称为"神经衰弱"的病，其实就是"抑郁症"。两种叫法的不同在于"神经衰弱"属于躯体问题，而"抑郁症"属于更为敏感的"精神问题"。中国医生和病人之所以更能接受"神经衰弱"的叫法，就在于这种"躯体化"（somatization）的病因表达能够回避敏感的"精神问题"，避免被污名化。

　　凯博文发表其研究成果之后，在中国医学界引起轩然大波，特别是湖南医学院的医生，与凯博文进行了非常激烈的争论，后来不仅很多中国学者接受了他的结论，而且"抑郁症"这个名称也在中国大陆慢慢流行起来，逐渐取代了"神经衰弱"。这不能不说是美国医学人类学与中国医学界的一次深入交流。

二、医学人类学

　　医学人类学中的"医学"并不是指专门化的科学医学，而是指一个包含着人们对于健康和疾病的认知观念以及治疗实践的体系；"人类学"则体现了这一学科所具有的整体论、跨文化与语境化特质，能够揭示多元文化中的疾病观念、应对方式及其与社会文化的关系。

（一）如何定义疾病

　　从学科和学理上说，科学医学认为疾病是人身体机能失常的自然生理现象，社会学倾向于将疾病视作一种不符合社会期望的社会越轨行为，人类学则习惯把疾病观念与本土社会文化关联起来，将疾病置于本土文化体系中来理解，其仍有别于生物医学，有着自己的逻辑。例如，

19世纪美国南部种植园曾将黑人奴隶逃离庄园主的倾向诊断为一种需要专门治疗的疾病，这在我们看来奇哉怪哉，但只要将其置于种族主义思潮盛行的美国社会中就容易理解了。再如，20世纪以前，抑郁症在美国并不被认为是一种病，而是浪漫主义思潮下的一种文化偏好，一个人越是多愁善感、烦躁心悸，越能表明身份的高贵。后来人们才逐渐认为抑郁症是一种疾病。由此可以看出，医学科学和医学人类学看待"疾病"视角的不同侧重，也就能够看到"疾病是什么"这一问题的复杂面相。

（二）如何导致疾病

在我们的经验中，生病意味着身体出了问题，通常表现为身体的某个部位不舒服或者难受，而在临床诊断看来则是病毒、细菌侵入人体导致身体某项机能受损或者细胞病变的结果。可以看到，前者更多是患者对病痛体验的自我描述，而后者则是医生在患者的描述和抱怨中通过辅助检查得出的病理解释，是双方都能接受的"科学病因"。这就对应到凯博文提出的一对概念——"疾痛"（illness）和"疾病"（disease）。这一研究范式很大程度上能够帮助医学人类学成为一个更有探索性的研究领域。

在现代西方医学体系之外，还可以看到多元文化框架下对病理的多元认知和更多地方性知识。比如，我国古代的中医认为人体首先是一个和谐的系统，疾病的出现主要由于这种和谐被打破；古代印度的阿育吠陀医学体系认为疾病是失去了对神的信心；而新几内亚特洛布里恩群岛人、非洲南苏丹地区的阿赞德人都认为疾病与巫术有关，要举行特定的仪式才能消除；美洲印第安人认为疾病，特别是风湿病，是动物对猎人所实施的神秘行动，相应地，他们治病方式的重心在于如何消除这种神秘行动的影响。

（三）如何应对疾病

人们对病理的认知不同，自然会产生不同的应对方式。我国的传统中医从"阴阳平衡"的角度调养身体；现代医学主要从病理学角度分析人体各项数据指标，利用手术或者药物进行治疗；社会学专注于从个人所在的群体和社会环境出发应对疾病；心理学则发展出了心理疗法。

对于相信疾病是神、鬼、灵魂等超越力量所导致的民族则诉诸献祭、祛除等仪式，比如我国北方的蒙古族、西南的哈尼族都有跳神仪式，通常以"请神""下神""送神"三个环节来祝愿化解病痛。在非洲，阿赞德人一方面使用药物，另一方面通过占卜、神谕等方式找出巫术施加者，通过重建正常的社会关系来恢复常态。尽管在我们现在看来这样的治疗行为或荒谬或不科学，但其在本土文化体系中则是合情合理的，对社会关系和内在情感的重视，恰恰是现代医学所缺乏的品质。

近年来，全球化和现代化席卷世界，专业医学、民族医学、大众医学等多种知识观念在不少地区并存，那些在我们看来非常进步的医学技术，在当地人眼中可能不过如此。这就意味着专业医学的普及将是一个长久的过程，同时也凸显了人类学家参与和坚持本土文化立场的必要性。

概言之，医学人类学认为，健康、疾病和治疗不只是自然的、生理的，还是社会组织和文化体系的组成部分。研究健康和疾病，不仅在于它们本质上涉及人类生存的核心问题——疼痛、痛苦和死亡，还在于它们可以帮助我们理解社会运作的结构和机制，以及文化的分类观念和价值导向等。在某种意义上，其也可以说是理解和撬动社会历史结构的一个工具。

医学人类学的主要理论来源

（一）新自由主义。20世纪30年代兴起了新自由主义思潮，核心是个人本位，社会只是单个自由人的集合而非高于个体的存在。这就驱使国家逐渐退出公共健康和卫生领域，个人或者社区成为真正的负担者。正如撒切尔夫人说的，根本就不存在社会这种东西，存在的只有个人。这种思潮反映在人们对健康、疾病的理解上，就是聚焦个人行为，在个体身上找原因，强调健康是个人责任，主要以"生活方式"（lifestyle）和"风险因素"（risk factors）两大概念为分析工具。这里的"生活方式"是一种个人行为的选择，比如吸烟和不健康的饮食习惯更容易导致冠心病，个人最终成为自己健康的责任人。但是，这一理论的不足之处在于忽视了个人暴露于风险因素下、无法有效规避风险的社会根源。

（二）马克思主义。在经典马克思主义的分析框架中，疾病是资本家以工人安全为代价追求经济利益的结果，现代医疗体系由于承担将疾病归因于个体的责任而成为资本主义制度的一部分，同时也是一种资本主义追求经济利益的商业模式。采用马克思主义的立场、观点和方法去研究健康、疾病和治疗问题，一般认为疾病的产生和分布不只是个体因素导致的自然结果，而是政治、经济等社会和结构因素发挥作用的结果。比如，一个社会中的住房、饮食、污染等环境会影响健康；不同的社会阶层以及同一社会阶层内部由于遭受不同程度的风险因素、拥有不同水平的应对资源也会拥有不同的健康水平，这种解释模式在一定程度上弥补了新自由主义只关注个人而忽视社会经济因素的缺陷。

　　（三）生命政治学。福柯曾谈到，18世纪的西方尤其是法国社会中，"身体"的政治意义大于自然意义，成为一种无主权力的监管对象，这种权力就是"生命权力"。围绕这一新型权力建立起来的政治学被他称为"生命政治学"。在当时看来，"疾病"并非生理问题，而是一种社会越轨行为，与之相对的是"正常"和"规范"，而"医学"则是对这种"不正常"的一种控制方式。医疗行业和医生群体在这一控制过程中充当了权力的代理人，医院、学校、工厂、监狱等机构承担着对每个现代人的监控，最终目的在于塑造与某个知识型相对应的个体。统计学也非常重要，它将人口信息（出生率、死亡率、疾病率等）储存起来服务国家决策需要。与马克思主义关注历史、社会、阶级、民族等宏大命题不同，福柯聚焦的都是人口、生命、健康等微观问题，揭示出现代社会中权力的"无处不在"。

　　从新自由主义对个体本位的重申，到马克思主义的政治经济分析框架，再到福柯关于人的身体与权力的微观考察，都可以看到构成疾病的问题还有诸多或结构、或知性的深度可探。那人类学究竟何以介入其中？这首先是一个历史问题。福柯提醒我们，特定的时代与特定的知识和话语总是一同发生，他将这类结构断片称作"知识型"，法国自19世纪中叶发生的现代知识型以"人是什么"为核心问题，把"人类学"看作现代知识体系的基础。由此，疾病、健康等医学问题自然也必然与人类学内在相关，结成独特的问题域。若把福柯暂放一边，从人类学的学科发展来看，关注人类进化和适应研究的体质人类学、将疾病置于特定文化体系的跨文化研究以及应对全球健康问题的应用性研究都促进了医学和人类学的合流，并于20世纪50年代形成"医学人类学"。

三、《虎日》：发现文化的力量

《虎日》是一部讲述小凉山彝族举行戒毒盟誓仪式的民族志电影。影片集中凸显社会和文化在戒毒实践中发挥的重要作用，是医学人类学的一次典范实践。"虎日"模式被视作目前亚洲地区最成功的戒毒实践之一。

"虎日"原本是彝族历法中宜行战争的日子，在这一天发动对毒品的战争，意义非凡。影片全长约20分钟，多次出现献牲（牛、猪和鸡）场景，呈现了先后举行的祭祖、喝血酒盟誓、取鸡血盟刻以及家庭内部的反咒等仪式。这一过程中，祖先、家支头人、毕摩（祭司）、家族成员、戒毒人员等不同主体均在场，形成了来自家族整体/家庭内部、神圣/世俗、文化/社会、尊严/责任等不同方面对抗毒品的合力，强化戒毒人员的戒毒决心。

《虎日》的背后，是公众视野下凉山地区20世纪80年代以来由毒品和艾滋病引发的诸多社会问题——中国台湾的人类学者刘绍华的研究也提到了相关内容。她以医学人类学视野（尤其是新自由主义医学人类学）详细考察了凉山诺苏社会被卷入海洛因和艾滋病问题的历史过程，认为诺苏社会的脆弱其实是源自现代化对这一传统社区的多次冲击。部分诺苏年轻人想要拥抱现代世界，却发现进入城市生活犹如一次成人礼式的冒险。在冒险中，他们把一些触犯法纪的事情当作男子汉气概的体现，以致坐牢、吸毒等事件被他们视作"通过仪式"的结果，然而这一结果不仅压倒了他们，还把整个社区拽进他们始料未及的毒恶之流动中，沦为全球化之牺牲品。

正如刘绍华所揭示的，毒品和艾滋病问题是全球性的，更多是在公共安全和卫生领域，依靠的是现代科学和医学，我们也发起了不少国际健康合作项目，并取得了一定的成效。这里是要强调，不仅毒品、艾滋病，甚至医学和科学以及社区、文化、人性等在今天都具有全球化特征，所以毒品和艾滋病也远非一个医学的、个体的、身体的问题，而首要是一个社会的、全球性的、主体性的问题，必须使多元力量自觉主动地共同参与应对。

领悟到这一点，或许才能说更接近彝族社会的"虎日"模式，真正走在人类学参与医学问题的道路上。

第二节 媒介：人的延伸，或是替代

一、"如何看"与"看到什么"

（一）媒介化世界

今天的绝大多数中国人，特别是年轻一代，都有网上购物、点外卖、刷线上新闻，以及在线学习或办公等体验。毫无疑问，大众媒介使我们的生活得到很大的便捷，并已经影响到我们日常生活的各个方面。如果借用一下"社会学的想象力"，会发现这是一个社会现象，涉及一个庞大的网民群体。此外，我们也有这些体验：点开购物app（应用程序）就会收到平台十分贴心的推送；各类新闻app构建了一种介于受众和现实之间的"拟态环境"；各类社交软件构建了另一个"真实的"自我。

可见，基于现代媒介技术的传播媒介既有工具性和中介性的一面，也有突破工具性和中介性而塑造和建构"我们"和"我们的生活"的一面。电影《楚门的世界》深刻揭示了后一种情况，主人公楚门看似和我们一样要经历从出生到长大的过程，但其实他生活在一个巨大的摄影棚——由媒介技术所支撑的生存空间，他的成长经历已经被上万个摄像头记录下来，他生命中出现的人都是导演安排的演员，他的所有经历都是导演设计的脚本，甚至雷电风雨都是被控制的。而在媒介空间之外，是现实世界中的30万电视观众在实时收看。电影的结局是楚门在稳定的媒介空间和险恶的现实世界中义无反顾地选择了后者。

楚门的世界不正是我们的世界——一个"媒介化世界"吗？这可以从两方面理解：现代媒介日渐普及，成为人类日常生活的必需品；经由媒介中介而知并参与和生成我们置身其中的世界，正是当下媒介研究所更多揭露着的世界图景。这意味着以现代媒介为中介的生存环境正在强势敞开。

（二）媒介是人体的延伸

在媒介化世界中，媒介技术与人的关系是理解"媒介化"逻辑的一个关键，值得进一步讨论。对此，加拿大学者麦克卢汉（Marshall McLuhan）曾在《理解媒介：论人的延伸》一书中提出的"媒介即人体的延伸"，正是着眼于人和媒介的关系意义对"媒介"做出定义。反过来说，他是将所有人身体延伸的部分都称之为"媒介"。

需要说明的是，麦克卢汉所说的"媒介"并不单指大众媒介或者新媒介，而是指更广泛意义上的各种发明或者技术，比如轮子、电力等，是人类为了应对环境而放大和拓展自身力

人物小札

马歇尔·麦克卢汉，20世纪最有影响力的媒介理论家和思想家之一。他的专业背景是文学，但在媒介研究方面著述颇丰，陆续出版《机械新娘》《谷登堡星汉璀璨》《理解媒介》等著作，提出了"媒介即讯息""媒介即人体的延伸""冷热媒介""地球村"等理论观点，在媒介研究领域占得一席之地。

量的结果。历史地看，人类社会经历了分别以口头传播、文字印刷传播、电子媒介传播为主流传播方式的三个时期。从功能上说，麦克卢汉把媒介分为两类，一类是可以延伸人中枢神经系统的电子媒介，一类是可以延伸人身体某一感官的一般媒介（主要包括语言和机械媒介）。一言以蔽之，作者强调任何发明或者技术都是媒介，任何媒介都是人心灵和身体的延伸。

在麦克卢汉看来，感官"延伸"的同时也"自我截除"，因为某一感官的延伸意味着对综合感官和谐状态的破坏以及对这种状态的内化和接受，比如伴随印刷术普及而出现的视觉偏向导致人们对声音、身体的感受和表达被大大削弱，这就造成对"整体缺席"的焦虑。今天的VR技术、"元宇宙"看似在回应这一焦虑，试图复现"人"的整体存在，如智能时代下的媒介可视为一种人的综合和整体性的延伸，那么我们仍要问：这种虚拟的整体性又会造成什么结果呢？打通或等同技术和人的思考会指向何方？

（三）视觉性和客观性

柏拉图《理想国》流传至今的"洞喻"，说的是被囚禁在洞穴中的人只能看到火光投射到他们对面洞壁上的阴影，并以此为真实世界。从柏拉图揭示的这一人之有限性来看，今天的我们及我们所看到的世界是否不过是梦中梦，而非新的革命性处境？"洞穴"即一个媒介化世界，"囚犯"即受众，"火"即大众传媒，"洞壁上的阴影"就是现实世界经由媒介折射和反映的结果。我们因此认为，由于受众无法看到真实的现实，这种阴影就被当作客观的现实，故而，若我们反思了媒介时代中视觉的客观性和真实性，便能逃出洞穴，直视太阳了。然而，倘若把麦克卢汉的起点——"人"往前推延，或许便会看到康德坚守柏拉图对人作为"表现/显象"（appearance）的有限性之"自知"，这关于人的认知能力有限的小岛和超出它便是不可知的暗夜之洋的批判，而今再次为众目睽睽所蔽，视觉和对象的现实性及有效性成为科学火光，投射出今天的"世界阴影"。

"眼见为实"正以新的伪装，或以其反面的样式建成今天的"楚门的世界"。美国学者李普曼（Walter Lippmann）在《公众舆论》中以"拟态环境"来命名由大众媒介通过各种手段、符号、话语形塑的世界，他认为这并不是"现实世界"本身，而是"现实世界"的模拟。这意味着传播者可以通过媒介实现对受众的操控，让作为受众的我们只能面对一种"代理"的真实。于是，我们可以看到传媒同时成为最锋利的矛和最坚固的盾，被代理的真实也在揭穿它，这在电视剧《纸牌屋》中有精彩的呈现。今天，流量时代中的"人设"和"塌房"这对概念或是对这一过程的精彩描述。近年来，沉浸式体验、"元宇宙"所指的平行空间等对身体的模拟更加出神入化，"回到现实世界"不仅是我们自欺信仰的笃行，也给了我们与之斗争，或拟斗争的机会。这是人类命运的华丽舞台，人类学无法置身其外。

二、媒介人类学

学界对"中介化"的人类学研究及其名称（如媒介人类学、媒体人类学、传媒人类学）尚在争论中。邓启耀先生提出两方面理解：第一，媒介作为工具在人类学研究中的应用，比如影像民族志；第二，媒介作为人类学研究的对象和问题，这意味着人类学和传播研究真正建立起学理上的关联。由此，媒介人类学可定义为"对与媒体相关的社会实践的民族志研究"①。这样看来，该学科的研究对象就是与媒体相关的认知观念和社会实践，研究方法是民族志式的，强调所得知识的"有关某处"或"来自某处"的特性。简要地说，媒介人类学就是通过人类学的理论与方法研究媒介在日常生活中的社会影响和文化意义。

---

① 邓启耀：《媒体世界与媒介人类学》，中山大学出版社，2015年版，第19页。

　　我们首先要问，如何理解媒介？在传播研究中，媒介多与技术关涉，典型代表就是媒介环境学派的"泛媒介观"，从严格意义上的大众媒介，到口语、印刷术、轮子、机械技术等都被视为媒介。同时，任何一种媒介都可以当作对人身体的延伸。从社会层面看，媒介技术和市场所追求的往往是人的欲望。人们使用媒介也是出于某种需求，比如研究发现短视频博主的需求包括休闲娱乐、展示自我、记录生活、获取效益、人际交往等。在学术或思考领域中，媒介、信息以及技术涉及如何把握人、世界、存在的本质等问题，当下思考的技术系统、数字本体论、"人类世"等在传播学和人类学界已激起科学和技术哲思的热潮。

　　在媒介人类学研究视野中，"媒介"不仅仅是一种技术的存在，更多的是一种内化于社会和文化整体中的存在。对于较为传统的地区来说，大众媒介、新媒介甚至更接近一种现代性存在，这或可帮助我们去解释为什么很长一段时间人类学家不谈媒介。而今传播学和技术哲学反而进入人类学，大谈"多样技术""多样可感性""多样人性"等，看来人类学和媒介的联结被进一步铸牢。

　　从媒介实践的角度来说，媒介人类学更多是在整体论、过程论和语境化的理论视角下关注和研究媒介内容以及媒介本身的生产、传播和接受的社会实践。20世纪50年代，就有人类学家采用民族志方法研究好莱坞电影的生产机制及其背后的社会系统。与之类似，还有对新闻机构的观察研究，揭示新闻内容是如何被一步步生产出来的。从20世纪70年代开始，媒介人类学更多从"传播者—受众"的思路出发，重视受众研究。但这并不意味着两种研究思路是此消彼长的关系，恰恰相反，二者可以在更大的框架中寻求对话和交流。比如，很多视障人士面对手机屏幕以及使用各类app时面临着很大的困难和不便，这是由于媒介在生产设计阶段就以"看见"为预设而剔除了"看不见"，造成了大众媒介中的"视觉霸权"，以视障人士的媒介实践为对象的研究反过来可以促进媒介生产更加开放和平等。

　　作为受众的人类，即媒介的对象，早已被置于媒介的影响和塑造之下。"沙发土豆""电视人""低头族"等新词汇生动地揭示了电视、手机等媒介出现以后对人类生活与思维方式的影响。众多社交软件的出现形成了新的社会团结方式，一方面改变了人们的交往方式，另一方面改变了社会信息"自上而下"的传统流动方式。很多人类学者对各种群聊、网络社区做着"网络民族志"的研究。媒介人类学往往能够凭借情境化的研究思路，发现媒介技术在不同社会文化中的不同情形。同样在使用微信群，不同的社会文化群体赋予其不同的意义，一般的微信群是信息共享的机制，社区官方的微信群是社区协作的机制，少数民族群众的山歌群是文化认同的机制。再比如，遥远北极地区的因纽特人以前通过潮汐、风向等自然现象辨别方向，而随着GPS和雷达等现代技术的介入，社区技术生态发生了变化。对此，技术主义自然导向批判或者赞扬的两个极端，人类学的研究则是在社区整体角度上看待技术人与世界新的关联或"聚置"（Ge-stell）方式。

今天，我们正经历着人和社会的"媒介化"。随着电视、计算机、手机等成为人们日常生活的一部分，人类逐渐沉迷于充满感官刺激和欲望的媒介世界中。赫胥黎对"我们将毁于我们所热爱的东西"的担心在今天具有深刻的启示意义。更进一步，当前智能手表、智能外衣等可穿戴设备模糊了人与机器的界限，预示了一个"自然人"彻底成为"赛博人"的可能，而不少理论将其视为人和技术本质共生的系统特征，建议我们泰然处之。就此而言，媒介人类学有着宽阔的研究领域和重要的学科价值。

三、《牛粪》：一部讲述自己故事的民族志电影

《牛粪》是一部高原牧民自己用摄像机拍摄的纪录片，记录和讲述了家乡人们的日常生活与牛粪之间关系的故事。制作者兰则是青海果洛藏族自治州久治县白玉乡的牧民，《牛粪》是他参加2007年"乡村之

眼"影像培训班以后的作品。该项目主要是想发现更多来自社区的声音，让当地人记录自己的文化，使得被忽视的群体获得媒介使用权，这就是我们常说的"媒介赋权"。

影片开头是冬季山坡上的一群牦牛，浩浩荡荡，扬起漫天灰尘，牧民吹着口哨紧随其后，一幅自然、和谐的场景。随后影片展示了牛粪及其在藏族人生活中各个场合的存在。阿

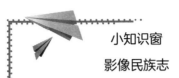

小知识窗
影像民族志

通过影像和影视手段记录、展示、诠释一个族群的文化，兴起于19世纪末20世纪初，号称"人类学家的另一支笔"。其最开始的目的是通过影像手段记录人类正在消亡的文化，后来成为民族志资料收集、储存和展播的重要手段，以及反思"书写"的实践，基本原则是坚持文化多样性和整体论，尊重当地民众对文化的理解。今天的影像民族志在国际和本土人类学界都得到进一步发展，有助于促进跨文化理解和文明对话。

妈、阿姐、小孩都会背着背篓去捡牛粪，牛粪有干、半干、湿的，什么时候捡有讲究，捡回家干湿分开，以不同方式储存起来，既用于贸易交换，又用于日常生活。藏族人认为牛粪是最干净的东西，可以直接上手，冬天用来搭冻肉的房子，干的当砖石用，湿的可调合水泥，用牛粪调的泥巴结实还不会裂口，能够用来砌围墙、搭狗窝、做拴牦牛的牛桩等。牛粪也是重要的燃料，做饭取暖靠它，烧后的灰还能够给牲口治病，撒在狗窝边可以预防狗病。在他们的分类观念中，冬天的牛粪才能用来做火种。影片的结尾，阿妈对孩子说："牛粪不是脏的东西，没有牛粪我们无法生活"。

在影片中，我们能够看到一部"牛粪"的生命史——它是如何从自然状态经过捡拾、储存，在使用中变成泥巴、灰末等并被用于不同情境。其与藏族人的日常生活被密不可分地编织起来。那些常识所忽略

的、其他人觉得肮脏的牛粪，在牧区藏族人看来是无比纯洁和神圣的东西。可以说，这部影片是藏族人几千年的文化传统和生活智慧在发声，也让我们体会到他们如何感知作为物的牛粪，以及这种方式是如何区别于科学研究对粪便的方式。当这种文化得以通过当地人自己而不是其他人的媒介向外界呈现的时候，我们可以看到媒介时代不同群体的多元声音有了发声渠道，群体成员本身也生出文化自觉和文化认同，这是媒介化世界带来限制的同时也带来的可能性。

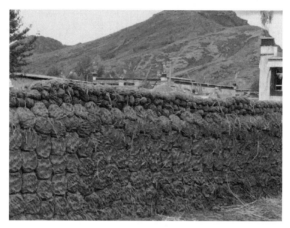

图11-1　西藏自治区日喀则市藏族人民用牛粪砌的墙
（王万里摄于2022年8月）

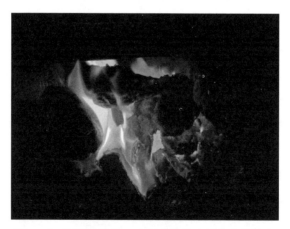

图11-2　西藏自治区日喀则市藏族人民用牛粪烧火
（王万里摄于2022年8月）

第三节 科学，是用来相信的吗

我们总会问：原始人为什么会相信巫术？印度人为什么相信占星术？这些问题成就了后来人类学、民俗学的诸多经典。但我们很少问现代人"为什么相信科学？为什么相信天文学？"，因为在我们眼中，现代科学是客观的，相信科学是合理的。但是人类学仍在反思，认为可以在人类知识形态的层面上把科学、常识、巫术、魔法等放在一起进行比较，并把它们都纳入更高一级的范畴中加以理解。

一、在实验室做田野的人类学家

20世纪70年代，一个名叫布鲁诺·拉图尔（Bruno Latour）的社会学家进入美国著名的萨尔克生物研究所完成了长达两年的人类学考察。这里用"著名"一词毫不为过，因为自该研究所成立以来诞生了6位诺贝尔奖获得者。令人惊奇的是，如此科学的实验室居然成了人类学家的田野，不仅如此，拉图尔与英国社会学家伍尔加（Steve Woolgar）据此写出的《实验室生活：科学事实的建构过程》一书获得了巨大成功，奠定了他在当代科学知识社会学研究领域的学术地位。

人类学家走进实验室，无疑面临着诸多挑战：实验室的人们在谈论什么？房间之间的隔墙有什么用？实验台上的试剂、仪器和小白鼠用来干什么？大量的数据资料、科学文献和材料词典是什么？缺乏科学知识的人类学家显然无法理解和描述实验室里出现的情况。甚至，作者还拒绝用科学思维和科学元语言，而是要用人类学参与观察的方法来达到理解和表述的目的。

拉图尔在书中几乎完整地描述了一个科学过程。科学家为创作一篇论文，要经过实验操作、记录、处理和形成文献的过程，并参考该科学共同体的现有研究成果，包括非正式的交换意见（讨论、汇报、论文集）。撰写论文时，涉及新物质的分离、合成、作用机理等不同研究方向，涉及不同的论文表述方式。写成的论文进入科学共同体，从被争论，到被引用和被应用，再到被确认为事实，最后成为知识。此外，作者还以促甲状腺释放因子的发现为个案进行说明，对科学家本身进行了微观社会学考察和分析。在拉图尔看来，这一系列过程就是一个科学家的"制造"过程，因而科学事实不仅在于"被发现"，也在于"被制造"。

尽管此前社会学界不乏对"科学"展开社会学分析的成果，比如美国社会学家默顿（Robert King Merton）的《科学社会学》对"科学"与科学制度、科学共同体和道德规范等宏大社会因素之间关系的研究，但拉图尔的贡献在于从更微观的层面上展开对"科学知识"本身的解构过程。在他看来，与社会结构因素相比，科学实践本身对科学事实的建构更为根本，这就能解释为什么作者在1986年该书再版时将副标题从"科学事实的社会建构"改为"科学事实的建构过程"，同时这也标志着科学知识社会学研究进入新的阶段。

二、自然科学的实验和人类学的旅行

（一）科学如何走进实验室

"科学"并非一个意义语用单一的词汇，可以指科学知识，也可以指科学思维，在这里特指自然科学。我们通常认为，"科学"和"实验"的关系是天然形成、无须追问的，而事实并非如此，科学也经历了一个走进实验室的过程。

在科学史上，现代科学运用实验的方法开始于文艺复兴时期。在此之前，早期自然科学使用的是观察法，主要依靠人们对自然的观察和总结，比如泰勒斯的几何学、德谟克里特的原子论、毕达哥拉斯的数学哲学等。自文艺复兴，人们开始探索从书本转向实验的方法，理论派如培根，从哲学上论证了通过实验认识自然的可能性，实践派如达·芬奇、哥白尼、开普勒，直到后来伽利略和牛顿基本确定了以"实验—数学"为标志的现代自然科学方法论。"实验—数学"的方法帮助我们获得全面的、确定的知识，因为这种方法既重视经验的观察和归纳，也重视数学逻辑的推演、证明和表达，是科学所独有的方法，与哲学的方法、宗教的方法有着根本的不同。科学彻底独立为一门新的学科。

现代科学的一个重要标志为实验方法，一个重要场所乃实验室。实验室本身构成一个自在空间，一方面与外在自然环境相互区隔，科学家或实验人员面对的并非存在于自然环境中的客体，而是经过图像化、技术化处理和复制以后的科学对象，如天文学家研究的并不是自然现象，而是经由设备对其的技术影像呈现；另一方面与外在社会环境相互区隔，实验室有一套不为外人所知的方法和规则，构成一种对"专业/非专业"的区分，如我们在实验室常见到的警示或提醒标识。这是实验室的特性。

从功能上看，实验室是实验操作的场所，最终目的是发现或验证某项科学假设。所以，实验室本身与科学事实有着密切的关系。简单来说，实验室首先是文献系统，既有通过操作仪器获取、记录和分析出的数据，也有来自科学共同体的外来文献，构成实验室新成果的支撑；其次，实验室是技术系统，既有普通的实验仪器，比如早期的显微镜、现在的离心机，也有为特殊工作专门设计的高精尖仪器，比如高能物理实验室中的精密仪器，显然后者对科研水平影响很大；由此也构成第三点，就是表象系统，因为没有实验室，任何在其中呈现出的现象、构拟出的科学神话都不存在，而当科学假设被科学共同体所接受，实验室就被忘记了。正如拉图尔所说："它能使现象成为可能，它也容易被人遗忘。"

如果将科学比作一个生命体，那么就经验科学而言，知识生长于对周围世界的直接观察和概括；就实验科学而言，知识的生长则必然经历实验阶段，实验室成为孕育科学知识的重要母体。这种转变是一个历史的过程。

（二）人类学如何走进实验室

如果说，现代科学依靠实验的方法生产知识，那么人类学就是依靠旅行生产知识。为什么这么说？早在19世纪古典人类学时期，传教士、旅行家、航海者就是"摇椅上的人类学家"想象人类"大历史"的材料来源；到了20世纪，现代人类学以马林诺夫斯基确立的田野调查为标志，再到后来几乎每一位人类学大师都有一方自己的田野圣地，比如埃文斯-普理查德的非洲苏丹地区、列维-斯特劳斯的巴西印第安部落、格尔茨的巴厘岛等。可以说"旅行"始终是学习人类学和学好人类学的必备和进阶技能，因为人类学要求研究者必须去旅行，必须和自己熟悉的工作生活环境相隔离，去到异乡和远方，孵化自己的民族志。

那么，强调"行行重行行"的人类学是何以走进科学的实验室呢？从根本上回答，那就是科学活动从来就不是悬在空中的，而是处于一定的社会文化语境中，这恰恰就是人类学想要看到和能够看到的。

长期以来，科学代表着正确和客观的知识，固然有着严密的逻辑，但不可否认其也会受到很多复杂因素、非理性因素的影响。比如，哥白尼提出日心说，几乎是在科学界发动了一场革命。吊诡的是，他的动因看上去很不"理性"：此前的地心说用"本轮-均轮"模式再现行星运动的轨迹，到了哥白尼时代，轮子数达到80多个，在哥白尼看来这完全违背了毕达哥拉斯主义追求美的传统，上帝不可能造出这么丑陋的东西，所以他力图重新构拟一个符合数学之美、体现上帝意志的宇宙体系。这个例子说明，"科学"也是一种人的活动，有特定的目的、情境和主体。科学活动既在科学实验室或科学共同体中，也在更大的社会文化共同体中。对这种情境、过程和主体的发现，就需要社会学，特别是人类学的参与，因为人类学本身就有整体论、过程论和情境化的学科特质。

（三）人类学为何走进实验室

美国社会学家默顿很早就写了《十七世纪英格兰的科学、技术与社会》一书，从社会经济发展的视角研究近代科学的发展，认为科学的最大的和持续不断的发展只能发生在一定类型的社会里，该社会为这种发展提供了文化和物质两方面的条件。总体来看，默顿的研究属于科学社会学的范畴，从社会出发考察和研究作为活动或者制度的科学。

20世纪70年代中期，一些持有建构主义观点的学者有了对科学知识本身的反思，认为科学知识本身受到社会因素的影响，表现出更彻底的反思性，代表人物有戴维·布鲁尔（David Bloor）、布鲁诺·拉图尔、卡林·诺尔－塞蒂纳（Karin Knorr-Cetina）等，他们进入实验室做研究，进行详细地记载，做出分析，写出研究报告或专著。这就是"实验室人类学"。

人类学家为什么进入实验室？在拉图尔看来，人类学家长期热衷于穿过茂密的森林，写下关于异邦和远方的资料，却忽视了对我们自己的工业、科学、技术和管理的研究，与此同时发生的是科学家在上述领域取得了绝对的权威。所以，拉图尔试图站在人类学的立场上，将科学家当作情况提供者和被访谈者来展开研究，写出一本实验室民族志，这就是他的《实验室生活》，相关的著作还有卡林·诺尔－塞蒂纳的《制造知识：建构主义与科学的与境性》等。这提醒我们，人类学作为底层方法和逻辑，有助于我们理解人类社会中不同的现象和问题。

三、一个在自己内部展开的人类学

正当人类学昂首阔步，在包括科学知识在内的人类知识世界里收拾旧河山的时候，我们需要反应过来，当作为真理的科学知识也被反思的时候，人类学自己如何脱身于外或自全其中？人类学自己生产的知识是客观的吗？人类学是科学吗？

单从列维-斯特劳斯的《忧郁的热带》、马林诺夫斯基身后作《一本严格意义上的日记》、德里克·弗里曼对玛格丽特·米德的萨摩亚研究的批判等例子来看，人类学首先就需要反思。20世纪70年代，保罗·拉比诺（Paul Rabinoun）出版了《摩洛哥田野作业反思》。在他看来，田野工作是一个主体间过程，不只有一个主体，而是互为主体，通过把研究对象主体化、研究者自身客体化的方法理解对方、反思自身。这与我们文化传统中的"将心比心"类似。只有这样，人类学才能避免主观化地压制研究对象而造成不良的后果。反过来说，恰恰因为人类学的自觉的反思，人类学才能获得继续进步的动力。

✧ 本章小结

今天，当人类学的眼光不再瞄准非西方的他者，去制造出"没有历史的人民"或者"没有欧洲的他者"，而是投向自身，回到自己，回到"我们"今天所处的这个"人类世"，回到我们的生命及健康（医学）、生活及其环境（媒介化世界）以及不可逆反的人造世界的核心动力（科学、技术和实验室）。在这三个现代生活环节里锚定个体和群体的准心中，人类学有必要也有能力充分地施展拳脚。

✧ 关键词

医学　媒介化世界　实验室　科学事实　人类学精神

◇　**思考**

1. 作为精神的人类学和作为学科的人类学是否有不同？

2. 对于现代社会的落脚处，人类学是如何思考的？

3. 我们需要人类学吗？

◇　**拓展链接**

1.〔美〕凯博文：《照护：哈佛医师和阿尔茨海默病妻子的十年》（版本不限）

2.〔美〕斯蒂芬·杰伊·古尔德：《人类的误测：智商歧视的科学史》（版本不限）

第十二章

前沿视野：数智时代的人类学会迈向何方

美国科幻小说大师尼尔·斯蒂芬森（Neal Stephenson）在《雪崩》（*Snow Crash*）中对未来的美国社会进行了设定——虚拟与现实相互交错，人们在这两种"世界"中穿梭、游戏、冒险、决斗。小说的主人公希罗在现实生活中是一个不起眼的比萨速递员；但是在虚拟空间中，他是首屈一指的黑客，布局谋划，运筹帷幄，整个虚拟空间的人都对他俯首称臣。这样的人既有毁灭世界的力量，也有拯救世界的能力。小说中提出的"元宇宙"概念不仅影响了计算机网络技术，更是被运用于现实生活尤其是游戏的开发中。

正如小说中所预设的，随着技术的进步，由数字技术带来的虚拟现实世界不仅离我们不远，而且正在重新构建整个人类社会。人类学家将以人工智能、数字技术等为支撑的数字智能与人类智能相对比，指出"数智时代"已然来临。如何进入并应对"数智时代"与每个现代人都息息相关。

第一节　人类形态的演变：人类的当下转型
与未来形态

以色列学者赫拉利（Yuval Noah Harari）指出，在漫长的历史进程中，智人的生存都是由自然法则所决定的，但进入21世纪之后，智人已经打破之前的自然的法则，也就是突破了种种生物因素的限制，而由智慧设计法则（intelligent design）所取代。当前，人类的生存、生活状态正在悄无声息地变化着，未来的人类将会有完全不一样的生存状态。

一、"当你、我皆为数据"

如今，当你想要了解社会新闻时，当你想了解朋友的最新动向时，你会将手机屏幕"点亮"，在几个软件之间来回切换。随着手指的一番操作，你获取了信息，和他人进行了互动。在你依依不舍地放下手机后，纷杂的现实世界才重新涌入你的意识。那透过一方屏幕攫取我们的注意力的远方世界，以"数据"的形态进行跨越距离的传播，我们在通过"数据"了解彼此。

（一）数字化生存

20世纪90年代，美国学者尼葛洛庞帝（Nicholas Negroponte）在《数字化生存》中提出："在广大浩瀚的宇宙中，数字化生存能使每个人变得更容易接近，让弱小孤寂者也能发出他们的心声。"①正如该书所预示的那样，"数字"正在改变人类社会，正在塑造人们新的生活方式。

这里的"数字"，指的是信息的"DNA"——比特（bit），是信息的最小单位。比特由"0"和"1"组成，是数字化计算中的基本粒子，是计算机二进制数的位。经过发展，这些二进制包含了数字以外的信息，使得声音、影像等都被数字化了，被简化为同样的"0"和"1"。

数字化生存是一种社会生存状态，即以数字化形式显现的存在状态。具体地说，就是应用数字技术，在数字空间工作、生活和学习的全新生存方式，是在数字化环境中所发生的行为的总和及其体验和感受。

在当下生活中，数字化生存指的是人们的生活、生产都离不开数字化。例如，当我们想要查找某一文献或者获取某些信息时，首先想到的工具一定是手机、电脑等，而我们的电脑、手机正是数字化的产物。

（二）数码物的存在

位于英国伦敦的大英图书馆是目前世界上最大的学术图书馆之一，其前身为大英博物馆图书馆。从外面看过去，映入我们眼帘的是高大、宏伟的建筑。进入图书馆之后，向我们袭来的是成排的书架，上面排满了密密麻麻的书。大英图书馆的馆藏量高达1.7亿，想要在其中找到自己想要的书籍可要下一番功夫，就连其设计师在里面都可能迷路。

那么请想象一下，如果要建一座"电子图书馆"，它会是什么样的呢？能容纳多少书籍呢？其实，在计算机技术发展起来之后，各个图书馆都在开设自己的"数字图书馆"，以满足读者的需求。我们常见的各类手机读书软件就是典型的数字图书馆。以"微信读书"app为例，其

---

① 〔美〕尼古拉·尼葛洛庞帝：《数字化生存》，胡泳译，海南出版社，1997年版，第7页。

涵盖了古、今、中、外不同类型的书籍，很多都能免费加入个人书架，读者添加后就随时可以阅读。其书架也是仿真的书架形式，但不同于图书馆，想要找到自己书架里面的某本书籍，只需要点击搜索框输入书名就可以快速获取，在这里不会"迷路"。另外，"微信读书"的书库在持续更新，虽然个人书架的容量上限为500本，但书架里面的书籍可以随意替换，不用担心我们想要阅读的某本书籍"无处可放"。原本庞大、厚重的图书馆书籍以电子形式存在，只需要一个手机阅读软件，就可以轻松随身带上无数本书籍，满足人们随时随地阅读的需求。

在过去，人们传递与获取信息，靠的是书籍、杂志、报纸、录像带等物质性的媒介形式。而在计算机出现之后，人们的信息处理方式已经在逐渐演变，书籍、杂志、报纸等被电子化、网页化。就拿印刷的书籍来说，有保存不当会损坏、太多会不好携带等问题；但是电子书完全不存在这些问题，只需要在软件里添加、收藏或者购买，电子书就归我们所有，永远不会遗失、损坏等。我们也不再需要考虑书架的承重量，因为一个软件便可轻松承载超过实体书架容量千万倍的图书。甚至，如果你愿意，完全可以在你的学习设备中建一座属于自己的电子图书馆。

信息的载体正在由原来的原子（实体物）转化为比特。通过比特，我们可以毫不费力地将传统媒体互相混合，且可以同时或者重复使用。比如，我们常见的声音、图像与数据相结合的"多媒体"技术实际上是比特的混合。我们也完全可以通过某"热搜"标题大致推断信息的主要内容，这也是比特的功劳——通过数字化获取信息。

现在，大多数人已经转变为用手机等智能设备收听歌曲，极少有人专门购买实体的CD、黑胶、磁带等。影视剧同样如此，不过短短几十年，碟片早已经成为一代人的回忆，数字影视早已走进千家万户。就连学校，也由完全的线下授课逐渐发展为线下与线上相结合的授课形式——特别是当学生想要跨越区域选课时，线上课程便提供了极大的便利。另外，当你外出购物或吃饭时，扫码支付、扫码点餐已经常态化。如果想要外出旅行，你只需要在手机上操作，很快便可以解决交通和住宿的问题。电子书、数子专辑、数字视频、线上课程、扫码支付等都是数字化的产物，或者可以称其为数码物。这些无处不在的数码物正在改变着我们的生活方式，也在塑造着我们的价值观念。

二、人工智能给人类带来了什么

如今，人们家中的设备越来越智能化。当你准备回家时，只需要在手机上轻轻一点，就可以通过远程遥控将家里的空调打开，热水器能为你准时烧好热水，扫地机器人会将家中打扫干净，电视机也会根据你的喜好为你选定影片，你换下的脏衣服和待刷的碗筷也早已被清洗干净——这些都是人工智能工作的情景。

人工智能（Artificial Intelligence，缩写为AI），是研究、开发用于模拟、延伸和扩展人的智能的理论、方法、技术及应用系统的一门技术科学。概括地说，人工智能是一种通过数据处理模仿人类思考的机器，其用数据来理解万事万物，用数据进行分析、思考。人工智能的神经网络算法会模仿人的神经网络，比如当看到一张图片时，我们的视觉神经网络会告诉大脑看到的具体图像是什么，而人工智能则是利用其虚拟神经网络，将数据输入虚拟神经网络之后，每个神经元会自动分析所得数据，最后

小知识窗
深度学习

深度学习（Deep learning，简称DL），指的是一种特定的机器学习，是人工智能拥有的能力。通过深度学习，人工智能能够从简单概念联系、定义出复杂概念，也能够从一般抽象概括延伸到高级理论概括。通过强大的灵活学习能力，人工智能可以快速获得人类需要经过很长时间的学习与积累才能获得的能力。

汇总得出结果，判断图片内容。人工智能拥有强大的深度学习能力，因此，能够代替人类完成标准化的劳动，也能够从容应对规模庞大的复杂系统。比如，一个城市有几百万辆车，每辆车有不同的目的地，要想给每辆车都规划出一条最佳路线，是非常复杂且困难的，但是人工智能可以轻松且快速地为每个驾驶员规划出一条最佳路线。

人工智能不仅是简单地应用于工业、日常生活等，也在逐渐进入创造领域。2016年，谷歌围棋人工智能"阿尔法狗"（Alpha Go）与世界围棋冠军李世石展开了一场"人机大战"。最终，"阿尔法狗"以4比1的绝对优势战胜了李世石。2019年，华为EI（企业智能）上线了一项功能——AI作诗，而且作的是格律诗，虽然此AI写出来的格律诗是否能够被称为诗还存在很大的争议，但这也表明了人工智能已经在进入具有独创性的情感领域。2022年11月，美国人工智能研究公司Open AI发布了Chat GPT①聊天机器人程序，自其发布后便引爆全网。其开发者力图颠覆冰冷式的搜索引擎，打造具有智能优化处理能力的自然语言处理器。Chat GPT在人类独有的创意、策划、文案等方面都拥有惊人的产出能力。

随着技术的进步，人工智能的应用领域会越来越广，其性能也会逐步提高。人工智能已经取代了部分人类的工作，且替代人类劳动的速度还会不断加快。在这种状况下，人类将要如何自处，又将如何处理自身与人工智能的关系呢？

三、看哇，这个人

除了工具层面的应用之外，人类的技术发展甚至对包括自身在内的

---

① 其全称为Chat Generative Pre-trained Transformer，可翻译为生成型预训练变换模型。

生命形态都做出了改变。人类曾是地球上的多样物种之一，与大自然形成了密切的联系。人类学家爱德华·泰勒认为，原始社会时期的人类普遍具有"万物有灵"的观念，他们赋予自然以生命，对自然持非占有的态度。但经过几个世纪后，人类自认为开始成为地球的"所有者"。

（一）人类影响地球生态

"人类世"是对地质演变阶段的新划分，最早由诺贝尔化学奖得主保罗·克鲁岑（Paul J. Crutzen）提出。过去，学者们用"全新世"（Holocene）[①]来指涉发生了所有重大事件的人类历史，即12000年前开始的历史。而十多年前，地理学家、气候学家以及生态学家表明，人类对地球的影响会使得我们远离全新世，进入另外一个地质时代。为了强调人类在地质和生态中的核心作用，克鲁岑提出用"人类世"这个概念来标志一个新地质年代的产生。

在人类学领域，徐新建从人的生产的维度，把人类世分为四个时期。前三个时期分别为"采集—狩猎"期、"游牧—农耕"期和"工业生产"期。在这三个时期里，人类对自然的影响力从小到大——尤其是到了"工业生产"期，人类通过化肥、农药的广泛使用以及生物技术在食品领域的推广，不但使地球环境遭受重创，而且几乎间接摧毁了动植物系统固有的生态链。到了第四个时期，一个显著的改变出现了：人类不但改造食物的基因，改变有机食物的生产模式，还改变了自身的生物性面貌。这个时期被称为"转基因食品与人工智能"时期。[②]

纵观"人类世"的四个时期，人身上的"自然性"逐步递减，"人造性"逐步增加。人通过减少对自然的依赖而成为自然万物的主宰。这究竟是好还是坏呢？

---

① "全新世"（Holocene），来源于希腊语"holos"和"kainos"，字面意思可解释为"完全新近的"。

② 徐新建：《人类世：地球史中的人类学》，《青海社会科学》2018年第6期。

（二）"后人类"来了

在"转基因食品与人工智能"时期，生物技术和数字技术使人类的主宰能力获得了飞速发展。赫拉利认为，21世纪主导人类生存的智慧法则，包括生物工程、仿生工程以及无机生命工程。未来科技的真正潜力不再止步于改进车辆或武器，而在于改变已有生命，并创造

人物札记

凯瑟琳·海勒，美国文学理论家，洛杉矶加州大学文学讲席教授。她关注科学和技术领域对人类社会的影响，是掀起"后人类"思潮的先驱者之一。以凯瑟琳为代表的理论家认为科学和技术改变了人类、生物以及整个自然的生存方式，将被技术改变的人类作为自然人的参照，指出科学和技术化的人类为"后人类"。

新生命形态。有学者把这一阶段的人类称为"后人类"。

"后人类"的英文是"post-human"，其字面意思为"自然人之后的人"，是利用现代高新技术，对人的自然肉体进行改造或升级并超越单纯生物性人类的人机结合体。"后人类"不同于此前"人类"的因素是什么呢？美国"后人类"理论的先驱凯瑟琳·海勒（Nancy Katherine）指出，科技对人的影响并不简单表现在外在——如身体改变方面，而在于更深层面的自由意志的改变。如果我们将拥有自由意志的主体或个体称为"人/人类"，那么其后继者/替代者就可以被称为"后人类"；如果说人是"天生的自我"，那么"后人类"则为"控制论的后人类"。[①]"后人类的主体是一种混合物，一种各种异质、异源成分的集合，一个'物质＋信息'的独立实体，持续不断地建构并且重建自

---

① 〔美〕凯瑟琳·海勒：《我们何以成为后人类：文学、信息科学和控制论中的虚拟身体》，刘宇清译，北京大学出版社，2017年版，第8页。

己的边界。"①也就是说，"后人类"之"后"不在于自由与否，而在于没有明显区别于他人的自由意志，其意志为外界众多力量所重构的、被"控制"的意志。

凯瑟琳总结了后人类的构成原理及形态，将其分为湿件（Wetware）、硬件（Hardware）和软件（Software）三种。湿件是基因工程，其试图通过在试管中培育单细胞机体成分的方法来创造人工的生命，这与生物工程相对应。硬件是人工智能方面的技术，通过技术创造机器人和一些具形化的生命，这与无机生命工程相对应。软件是创造出新兴的或者处于进化过程的计算机程序，也就是仿生工程。如果说赫拉利是从历时的层面来看待"后人类"阶段人类所发生的变化，探索智人是否能够实现"永生"这一目标，那么凯瑟琳更加关注的是"人"与"后人类"之间的对比，更加注重如何从技术层面来理解"后人类"阶段的异质性。②

"后人类"阶段的到来，对于人类社会来说是个新鲜的话题。人工智能导致一部分人失业，基因工程不可避免地加剧人类社会的不平等，人类在控制数据的同时也被数据反控制。这是一个人机并存与耦合的时代，每个人都被卷入其中，如何面对急遽变化的空间与时间，将成为当代人的一堂必修课。

第二节　数智文明：新纪元的到来

如今，无论在城市街头，还是在乡间小路，匆匆行走的人们多低头专注于手中发光的小屏幕。"屏世界"里有深不可测的"虚拟世

---

① 〔美〕凯瑟琳·海勒：《我们何以成为后人类：文学、信息科学和控制论中的虚拟身体》，刘宇清译，北京大学出版社，2017年版，第8页。
② 同上，第27页。

界"，让置身于现实的人被深深吸引。这个与现实世界并置的"虚拟世界"，随着互联网技术和数字技术的发展不断迭代，成为越来越逼真的"现实"。

一、虚拟世界的建立

根据学者的研究，从互联网诞生之初到当今，可以划分为四个时期：基础设施建设时期、PC互联网时期、移动互联网时期、元宇宙时期。[①]

（一）不经意的开始

早期的互联网技术从军事研究领域发端，逐步发展到民用领域。1957年10月4日，苏联成功发射了第一颗人造卫星，这让地球另一端的美国人警惕起来。当时正值冷战期间，对美国人而言，人造卫星的成功发射意味着原子弹也可以精准地发射到自己的领土上，而通信在战争中起到关键性作用，如果能够设计出某一通信站被破坏、其他通信站也能够正常运作的通信系统，将会对战争的胜利非常有利。因此，出于军事上的考量，美国国防部先进计划研究局出资，启动"ARPANET"计划，设计不易被核弹攻击摧毁的通信系统。没想到，这个局域性的网络成为日后虚拟世界的雏形。

1969年，斯坦福大学和加利福尼亚洛杉矶大学的两台计算机连接[②]，同一年年末，四所大学的主要计算机成功连接，"ARPANET"由此建立，这也是现代计算机网络诞生的标志。随后互联网协议TCP/

---

① 刑杰，赵国栋，徐远重等：《元宇宙通证》，中译出版社，2021年版，第51—59页。
② 这是互联网历史上最早的两台主机，连接这两台计算机的科学家们打算发送的信息为"LOGIN"，成功发送"L"和"O"之后，信号被中断了。

IP^①应运而生，定义了全世界计算机之间通信、传输数据的规则。1983年，"ARPANET"计划完成，美国军方建立了自己的军事网络，科学家们将"ARPANET"改为"互联网"。之后，电子邮件（EMAIL）^②与BBC^③的发明使得互联网在人们的日常生活中发挥着越来越重要的作用。20世纪90年代，博纳斯·李（Tim Berners-Lee）创造的万维网开启了互联网时代。从互联网开始，所有视线都聚焦在浏览器这一工具上，许多天马行空的想法也在浏览器上得以实现。

小知识窗

万维网

1990年，博纳斯·李和同伴开创了互联网与键盘的连接，通过"http"（超文本链接）和"html"（超文本标记语言）——电脑之间交换信息时所使用的语言，打破了此前只有专业人士通过复杂代码程序才能使用互联网的限制，普通人也能够自由进入互联网世界。超文本链接及相关协议即我们熟知的"http"，而博纳斯·李命名的"World Wide Web"即"WWW"，中文翻译为万维网。

（二）在互联网上"冲浪"

1994—2010年为PC互联网时期。"PC"即"Personal Computer"，指的是能独立运行、完成特定功能的个人计算机或个人电脑。1994年，

---

① TCP/IP即网络传输控制协议，1973年由罗伯特·埃利奥特·卡恩（Robert Elliot Kahn）和温顿·瑟夫（Vinton G. Cerf）编写。这套协议最终在众多协议中胜出，定义了电子设备如何连接因特网以及数据如何传输等。

② EMAIL，即用@符号将用户名与接收方的主机名区分开来，其对传统的通信方式带来了颠覆性的改变。

③ 电子布告栏系统（Bulletin Board Systems，BBC），由汤姆·詹宁斯（Tom Jennings）于1983年设计，这是最具原创性的初试性网络之一"FIDONET"的起源。

商业资本开始参与互联网的建设与运营，互联网开始渗透到各个行业，中国的互联网也在这个阶段开始起步。

在基础设施大量建设之后，越来越多的人有了上网的需求，于是PC终端——个人电脑——在生活中得到普及。中国的第一代"网民"应该对20世纪90年代的互联网浪潮记忆犹新。与全球互联网的发展阶段一致，当时的中国互联网兴起了诸多门户网站，如搜狐、新浪、网易、榕树下、猫扑、第九城市等。同时，还有以联结人际交往为主的校园网、人人网、博客、各种BBS（网络论坛）……一时间，社会公共新闻和个体交流在互联网上形成了汹涌的"浪潮"，人们足不出户就可以跨越时空距离，迎接信息浪潮，因此人们一度把"上网"称为"冲浪"。在经过以雅虎为代表的门户网站阶段、以谷歌为代表的PC搜索阶段之后，互联网进入了PC电商与社交阶段，电商的代表是亚马逊和阿里巴巴，而社交的代表有Facebook、Twitter、You Tube等。这些网站的出现颠覆了信息的传播方式，使其更加人性化。互联网在逐渐改变人们的生活，不仅使生活更便捷，在不久的将来，也会使得人们的生活状态发生翻天覆地的变化。

（三）随身携带的虚拟世界

2007年，苹果公司发布第一代苹果手机（iPhone），其更加多元化的应用软件打开了新世界的大门，标志着移动互联网时代的开启。便携的移动终端让人们随时随地都能进入网络世界。有了硬件的基础，在其后的几年，移动互联网飞速发展：2009年，微博上线；2011年，微信上线；2014年，视频直播与短视频移动应用大规模出现……与此同时，各行各业吹起了"互联网+"的号角，互联网行业与传统行业进行融合，人们不仅在网上娱乐、社交，还在网上消费、工作。人类生活再一次被重新定义。

2018年，进入了"元宇宙"时期。在移动互联网已经成为人们生活的组成部分后，物联网、工业互联网、产业互联网、区块链、元宇宙等一波又一波的浪潮被掀起。毫不夸张地说，人类过去所有时代数据的总和，都比不上互联网时代产生的数据量，与信息的爆炸式增长相对应的是技术的发展，如大数据、云计算、人工智能等。2021年，被称为"元宇宙元年"，这标志着虚拟与现实世界交互的时代即将开启。

二、"元宇宙"社会

如果有一天，有人告诉你，你一直生活的世界并非真实的世界，你是否会感到害怕？在20世纪末上映的《黑客帝国》系列电影里，主人公尼奥是一家软件公司的普通职员，白天上班，晚上赚点外快，但他发觉周围世界有点不对劲，便感到困惑：身边发生的一切究竟是现实还是梦？带着这个疑问，尼奥一路摸索着来到墨菲斯面前，吞下红色药丸，在现实中苏醒，才发现原来自己过去一直生活在虚拟世界中。电影中的虚拟世界真实到让沉睡的人毫无察觉，并深信自己处在现实世界。

在今天，通过一系列技术，电影中呈现出来的虚拟不再是艺术家们的想象，而逐渐成为现实。

（一）什么是"元宇宙"

"元宇宙"，是人们生活、工作的沉浸式虚拟时空。"元宇宙"是一切认知的集合，是各种技术的新模式，更是"我思故我在"的全息投射。俗语说"一千个读者有一千个哈姆莱特"，那么，一千个人也有一千种元宇宙。

罗布乐思（Roblox）是第一家尝试概括元宇宙特征的商业公司，认为通向元宇宙需要以下八个关键特征：身份（Identity），在虚拟世界中，我们会拥有一个身份，这个身份和我们是一一对应的；朋友（Friends），元宇宙内设有社交网络，每个虚拟身份的交流都在元宇宙中进行；沉浸感（Immersive），在虚拟世界中，游戏玩家可以获得

小知识窗
"元宇宙"概念的演变

1992年，科幻小说《雪崩》首次描绘了一个被称为"元宇宙"的多人在线虚拟世界。此后，科技、互联网行业呈爆炸式发展，为"元宇宙"的出现奠定了物质基础。2021年3月11日，罗布乐思公司将元宇宙概念写进招股说明书，引爆了科技投资圈，这一年也被称为"元宇宙元年"。目前，中国和美国是元宇宙概念发展与建设最为成熟的两个国家。

如真实般的体验；低延迟（Low Friction），低延迟是对网速、电脑等设备的要求；多样性（Variety），虚拟世界有超越现实世界的自由和多样性；随地（Anywhere），不受地点的限制；经济（Economy），这主要指罗布乐思拥有自己的经济体系，可以利用与游戏相关的周边来获取经济效益；文明

（Civility），指罗布乐思中有自己的文明体系，这是一个不断演化的过程，是所有人参与的结果。①

有学者指出，要使虚拟世界如现实一样，需要以六大技术作为支撑，即区块链技术（Blockchain）、交互技术（Interactivity）、电子游戏技术（Game）、网络及运算技术（Network）、人工智能技术（AI）、物联网技术（Internet of Things）。这六大技术体系，也是六座技术高塔，只有牢牢抓住这六大技术，才能通往"元宇宙"。②与此同时，元宇宙的产业体系包括四个层级：应用层、平台层、网络层、感知显示层。平台层之下为物理世界的产品，平台层之上则为元宇宙内的虚拟世界产品。通过平台，将虚拟世界与现实世界相连接，也给人们的生活带来冲击波

---

① 赵国栋，易欢欢，徐远重：《元宇宙》，中译出版社，2021年版，第13—15页。
② 刑杰，赵国栋，徐远重等：《元宇宙通证》，中译出版社，2021年版，第69—72页。

般的影响。

（二）无与伦比的真实感

"元宇宙"是让人体验到极强真实感的超级互联网。因此，增强现实技术是建设"元宇宙"的基础。

20世纪50年代中期，摄影师海利格（Morton Heilig）发明了第一台VR（Virtual Reality，虚拟现实）设备"Sensorama"，从此，科幻眼镜走进现实。1968年，美国计算机科学家伊凡·苏泽兰（Ivan Sutherland）发明了现代VR眼镜的原型，这台设备虽然取得了很大的进步，但使用者仍然需要佩戴笨重的头盔，也需要借助额外的设备才能操作。随着VR技术的发展，在2015年，其引发了虚拟现实产业的热潮，但还是存在一些弊端，比如佩戴者可能会产生眩晕感。直到《Half-life：Alyx》游戏[①]的出现，VR技术才真正大获成功。

如今，VR与AR（Augmented Reality，增强现实）技术已经应用于人们生活的很多方面，如游戏、社交、教育、导航、旅游、零售等。而元宇宙在沉浸感与社交网络特质的加持下，被称为虚拟现实运用的终极场景。在虚拟现实技术加持的游戏中，大家会有着共同的经历，这些经历将会成为"M代"（Multimedia Generation，多媒体世代）人的集体记忆。[②]元宇宙是带动虚拟现实技术成长的场景，而虚拟现实技术的发展，奠定了元宇宙繁荣的技术基础。

（三）有争议的"元宇宙"

关于"元宇宙"，可谓众说纷纭。有人认为元宇宙是新的风口、是未来，有人认为其不过是VR概念的卷土重来，也有人认为这不过是资本的一场游戏，是商业运作的"接线口"。人们对元宇宙的质疑主要

---

① 《Half-life：Alyx》于2020年3月底发布，是一款VR独占动作冒险类游戏，其精致的设计、清晰的细节、流畅的画面让人有身临其境之感。
② 赵国栋，易欢欢，徐远重：《元宇宙》，中译出版社，2021年版，第38—44页。

来自三个方面：一是认为这是资本在打着"元宇宙"旗号进行的新一轮"割韭菜"行为；二是认为元宇宙尚在起步阶段，其最终是否能够实现还处于未知状态；三是认为元宇宙是商业巨头之间的"游戏"，难以惠及所有。另外，对于发展元宇宙对人类的未来是否有好处也存在争议，有学者认为，将"元宇宙"替换为"下一代互联网"会更为人们所接受，但元宇宙的发展无疑是需要时间沉淀的。

总之，无可争议的是，我们处在科技大爆炸的时代，以"元宇宙"为代表的科技创新与进步会成为大势，不断激励着更多的科技工作者参与到这场"游戏"中，而其"最终解释权"仍然掌握在普通大众手中。

三、虚拟与现实的交互

虚拟世界的出现与建立并不是一蹴而就的，而是在科学的推动、技术的进步之下实现的。美国学者阿尔文·托夫勒（Alvin Toffler）在《未来的冲击》等作品中指出，当今我们正在与过去决裂而飞速走向未来，正像史前时代的人类一样，一睁眼便看见一个全新的世界，世界变革的速度远远超乎我们的想象。我们现在所接收的信息远远超过过去人类所创造的总和，对于环境的影响也远远超过过去时代的人们。我们对时间、空间的感知也同以往的人类大不相同。除了对现实世界的持续探索之外，人类已经面向虚拟时空。于我们而言，短暂性已经成为必然，一切都是临时性的，工作、学习、生活甚至是交往都如同白驹过隙，这种非永久性的感觉将会伴随着我们走向未来。

同时，技术的进步又使得我们进入了另一个世界——虚拟世界。在游戏中，沉浸式的游戏整合了我们所有的感官体验，让我们身临其境的同时又能为自己的角色赋予意义。元宇宙更是利用其支柱技术对虚拟世界进行再次创新，使其运用于人们生活的方方面面。科幻电影中的想象已经照进现实，这是人机并存与耦合的时代，也是虚拟与现实并存的时代。在人类学的研究中，学者们敏锐地感知到时代的变化，将田野从线下转向线下与线上并存。

第三节　人类学的研究："看见"与"预见"

一、赛博格人类学是否存在

在科幻作家创造的世界里，人类总是能够运用科技来改变自身以应对外界环境，或者实现自己向往已久的"长寿"愿望。科幻电影《阿丽塔：战斗天使》中的女主角阿丽塔是由外科医生依德将自己女儿的义体加上在垃圾堆里捡到的机械头部组成

人类学热点
对当下剧变与未来的关注

数智时代使人类学家走向"线上"田野，走进"虚拟世界"，关注正在发生着巨大变迁的人类社会。赛博格人类学、网络人类学、数智时代新文科等研究，表明了人类学家对人文科学走向的关注。同时，这也是对人类未来存在的关注。

的，醒来的阿丽塔展现了惊人的格斗天赋，故事也由此展开。电影中的阿丽塔是一种人机的结合，我们称之为"赛博格"（cyborg）。

（一）关于"赛博格"

"赛博格"是英文"cybernetic organism"（控制论有机体）的组合词，也被译为电子人、生化人、半机械人等。赛博格的提出与人类对于

小知识窗

第一个人类"赛博格"

2022年6月15日，世界上第一个真正的人类"赛博格"——英国科学家彼得·斯科特-摩根（Peter Scott-Morgan）去世，这一消息轰动了整个科技圈。2017年，彼得确诊渐冻症，医生诊断他只剩下两年的生命，不愿认命的他于2018年冒着巨大的风险，通过多次手术将自己改造为"半人半机械"。2019年，"彼得1.0"在眼动追踪、语音合成、虚拟化身等技术帮助下进化成"彼得 2.0"。与科学家霍金相比，运用在彼得身上的技术更进一步，彼得不仅有模拟的3D人像，其机器的声音也更加接近自己的声音。

太空的探索息息相关。

1960年，美国学者克莱恩（Nathan Kline）和克莱因斯（Manfred Clynes）提出"赛博格"的概念①。这两位作者认为，相比起为宇航员寻求类似于地球的生存环境，通过相关可控装备增强宇航员适应外界环境的能力才是关键所在。赛博格被作为纯粹的技术概念为人们所熟知，其指代的是运用控制论原理和生命科学成果制造的自控性的半机器半生物的生命复合体。这是一种将生物体与机器融合，在生物体"无自觉"的状态下，机器通过持续、可控地给生物体注射相应的药剂，使得生物体的某些功能得到强化的生物——机器复合体。②

1985年，哈拉维（Donna Haraway）发表《赛博格宣言：科学、技术与二十世纪晚期的社会主义—女性主义》一文，赛博格引起了人文、

---

① 两位学者在《药物、太空和控制论：赛博格的进化》中提出"赛博格"的想法。之后，在美国《宇航学》上发表了《赛博格与空间》一文，"赛博格"的概念传播开来。

② 李国栋：《对"赛博格"进行概念考察》，《中国社会科学报》2020年7月7日总第1961期。

社科领域的广泛关注。哈拉维认为，20世纪晚期，通信科学和生物学再造了人类的身体，机器与生物体之间的界限变得模糊，每个人都被塑造成了赛博格，而赛博格已经成为人类的本体论。这里的赛博格已经不再是技术的概念，而变为一种带有隐喻性质的存在，也就是说赛博格是突破了"人—机"边界的一种存在，是富有哲学意蕴的主体性隐喻。

（二）赛博格人类学

1992年，美国人类学家提出了赛博格人类学（cyborg anthropology）的概念，并对赛博格人类学的研究领域做了规划。但由于学科以及科学技术的限制，这一学术范畴在很长时间内都没有受到人类学界的重视。

进入21世纪之后，通信技术飞速发展，人们的生活发生了质的变化，尤其是移动互联网的出现与普及、人工智能技术的开发，使得人类作为控制论的主体与控制论机器的可比性愈发明显，这些先进技术的使用，使得我们愈发赛博格化，也使得赛博格人类学有了更加坚实的立论基础与可分析对象。随着科学技术的突破，中国的信息科学技术迎来发展的黄金时期，中国人类学家乘着这股东风，提出中国化的赛博格人类学，这也是在全球化的语境下的赛博格人类学。

2017年，浙江大学的阮云星教授明确提出中国语境中的"赛博格人类学"的议题。次年，为了呼应浙江大学的"双脑计划"，阮云星团队发起赛博格人类学跨学科交叉研究的项目。这些人类学家聚集在一起，梳理、总结国外赛博格人类学研究的沿革，并探讨中国语境下赛博格人类学的研究方向与特点。有学者认为，赛博格人类学可以从"技术构想"一端切入，研究生物体与机器之间的融合，也可以从"本体论"反思一端出发，着力于隐喻化的控制论研究。同时，中国的社会转型面临着现代、后现代、赛博格重塑的三重挑战。在巨变中，新智识的生产迫在眉睫，故对赛博格人类学的理解不能停留在概念本身，而是需要结合跨学科的知识体系进行研究。①

二、网络人类学

如果说赛博格人类学关注的是"人—机"之间的融合，那么互联网人类学则是探讨网络如何改变以及塑造了我们的交流与生活方式。当网络社区建立并将人们紧紧联系在一起，人们对"线上"的依赖呈上升趋势，我们的衣、食、住、行都与互联网有着千丝万缕的联系，比如我们通过手机软件点外卖、订票、订酒店，也通过手机时刻分享自己的生活。

如果说现代人要挑战几天"荒野"生存，那么给他一部能连上移动互联网的手机和一个移动充电宝就足够了。人类学家看到了人类社会迎来的巨大改变，于是纷纷将自己的田野从"线下"的方式转到"线下"与"线上"的结合。

（一）网络社会

有人聚集就会形成社区。在互联网中，每一个上网的人都参与其中，也会建构起一个个相对独立的虚拟社区。霍德华·莱茵戈德（Howard Rheingold）将虚拟社区定义为："互联网上出现的社会集体，在这个集合体中，人们经常讨论共同的话题，成员之间有情感交流并形成人际关系的网络"②。比如我们常见的B站（哔哩哔哩）、微博、小红书等平台就是将一群有共同取向/兴趣的人吸引在一起；尤其是B站，其一开始就是为"追番"而设，之后发展出许多功能，通过对年轻人的吸引以及这些人群内部形成的闭环，将"我们"与"他们"区

---

① 阮云星，梁永佳，高英策等：《赛博格人类学：全球研究检视与当代范式转换》，浙江大学出版社，2021年版。
② 周大鸣：《文化人类学概论》，中山大学出版社，2009年版，第434页。

分开来，建构特定的网
络社群。

　　有社群的地方就有
认同，认同是行动者自
身的意义来源，也是自
身通过个体化过程建构
起来的。"意义"是社
会行动者对自身行动目
的的象征性认可。从这

小知识窗

美国南加州大学学者曼纽尔·卡斯特（Manuel Castells）把认同分为三种类型：合法性认同（legitimizing identity）、抗拒性认同（resistance identity）、规划性认同（project identity）。

方面来说，网络社会的意义是围绕一种跨越时间和空间而自我维系的原初认同建构起来的，而这种原初认同也构造了他者的认同。认同的建构所运用的材料来自历史、地理、生物，来自生产和再生产的制度，来自集体记忆和个人幻觉。在全球化进程的推动之下，地球演变为"地球村"，即使两人分别处在地球的两端，也能做到无障碍交流。然而，在这个过程中，欧美国家出现了反全球化的浪潮，这些人通过互联网联系在一起，并与世界各地的线下抗议汇集并宣传自己的观点。不难看出，反全球化的运动是一种网络化的运动，反全球化的群体通过互联网向世界各地宣扬自己的观点。正是互联网，将这些相对孤立的运动凝聚在一起。这些人也在这个过程中形成了强烈的网络社会认同。[①]

（二）当网络成为"田野"：互联网人类学

　　说起人类学的田野，我们的印象一定是一个孤独的白人男性，去到千里之外甚至跨越海洋，与一群尚处"原始社会"时期的土著生活在一起，利用参与式观察的方法写出关于土著的民族志。然而，随着时代的进步，全球化进程的加快，尤其是科学技术的发展、互联网的普及，人类学家的田野点也来到了网络中。

[①]　周大鸣：《文化人类学概论》，中山大学出版社，2009年版，第433—441页。

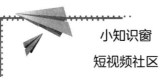

小知识窗
短视频社区

短视频是在移动互联网终端普及、网络加速、人们生活节奏加快等条件下诞生的一种新型视频传播模式。就国内而言，2011年，快手app上市并于2012年转型为短视频平台，随后各种短视频平台呈规模上市并受到年轻人追捧。如今，不同年龄层的人都活跃在短视频平台上并形成了不同的虚拟社区类型。目前，短视频社区的代表有抖音、快手、微视、微信视频号等。

中山大学周大鸣教授牵头的互联网人类学的研究备受重视。这个团队的学者不仅从理论层面总结由互联网带来的虚拟社区的相关特点，还提供了个案的研究。比如，青少年玩网络游戏的问题，随着手机游戏的普及、短视频的推广，许多家长认为，在手机的诱惑之下，很多学生没有静下心来学习的定力。姬广绪认为，虽然对于网络游戏的利弊，家长们各执一词，但对其是否会给孩子的学习带来不良影响，家长们的看法是一致的——即使在游戏的世界里，孩子们能够获得成就感或是交到一些谈得来的朋友，但是孩子花在游戏上的时间越多，造成成绩下滑或无心学习的情况越多。而从青少年的角度来说，他们是在互联网中成长起来的一代，玩同样的游戏能够与同伴更好地交流、形成共同的话语圈，甚至组成亚文化群体。网络游戏成为"网络原生代"的社交手段之一。当这些青少年说出一个能被屏幕对面的人迅速回应的"梗"时，便能够获得暂时的社交满足感。他们在游戏中也能够暂时远离压抑、紧张的学习氛围，获得虚拟的真实感，获得快乐与释放等。对此，我们要承认，游戏是青少年娱乐、社交的媒介。[①]当然，我们对目前社会上大量涌现的青少年网络游戏成瘾症应予

---

① 姬广旭：《制造成瘾——青少年网络成瘾的人类学考察》，《思想战线》2019年第6期。

以警惕，要引导青少年正确对待游戏娱乐，杜绝沉溺于游戏的行为。

（三）"我们的交流"：网络传播

移动互联网给人们的生活带来了很大便利，人们的交流也从线下面对面的形式转为更方便、快捷的线上交流。如今，社交媒介已然成为我们生活的一部分，这也促成了媒介人类学的出现。

就拿我们熟知的直播领域来说，其大致可以分为泛娱乐类、游戏类、"带货"类等。而在泛娱乐类直播中，女主播加男粉丝的模式是一种备受关注的模式。云南大学孙信茹教授的团队认为，网络直播平台使得许多本该陌生的人在直播间相遇，他们的身体和语言、画面和声音，以及陌生人之间的亲密互动形成了一个独特的空间情境。在这样的情境中，主播们通过化妆、打光、美颜等手段让自己具有较强的吸引力，让身体成为某一网络空间中的核心对象。同时，通过持续不断的"弹幕"、音乐、主播的回应等，直播间变得鲜活、生动起来。直播间的观看模式也是一种新的观看模式。在传统的观看模式中，观众没有太多的"话语权"；但是在直播间，观众可以选择观看的主播，可以"打赏"或是"请走"（即拒绝观看），可以自由选择互动的内容，也可以对主播的形象进行点评等。相比而言，主播则扮演地位相对较低的角色引导直播间的观众"刷礼物""点赞"等。在观看直播的过程中，观众的视觉感官体

小知识窗
网络直播

早在2010年以前，PC直播已经进入人们的生活，随后游戏、才艺、颜值等直播相继出现，也出现了一批被称为"网红（网络红人）"的主播。2016年，各种跨界合作直播模式纷纷出现，社会各界人士加入直播行业，网络直播呈井喷式发展。如今，网络直播已经渗透到各行各业——娱乐、电商、游戏、教育等。

验与本能欲望得到优化与满足，使其有一种掌握"全局"的感觉。同时，这也使得粉丝与主播之间形成了较为私密的关系，即在互动中形成相互信任与依赖的关系。另外，媒介技术的发展将人类推向了一个图像化的世界，促使人们借用媒介来满足自己的观看体验。"直播"因此成为一个火爆的行业。①

三、数智时代的新文科

在数智时代，人文科学将会走向何方，或者将如何做出相应的调整以适应时代的发展，是学者们尤为关心的话题。

（一）后人类：人类学"五行图"

徐新建教授认为数智时代的人类学呼吁更为宏观的完整体系（而非分裂的状态）。以世界各地的既往研究成果为基础，人类学在数智时代的新格局将呈现为涵盖多种范式的整体联盟。就田野对象而言，人类学包括了彼此呼应的"五维"，即上山、下乡、进城、入网、反身。在以田野民族志方式差不多完成了世界档案的平面报告后，也就是从乡村、牧场到都市的人类生活线下"深描"之后，人类学开始了反身和入网，亦即"向内转"和网络化，扩展出"身心+互联网"的新样态，从而形成"五维"并置且受制于数智文明的新整体。

---

① 孙信茹，甘庆超：《对视：网络直播中的观看与角色互构》，《当代传播》2021年第3期。

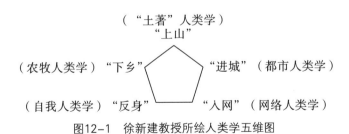

图12-1　徐新建教授所绘人类学五维图

　　徐新建教授指出，"五维"并置的人类学面对的首要难题是如何适应线上与线下双重生存的数智文明。迈入数智文明的人类学，其三个基本追问得到了进一步升级，即：

　　——"我们"是谁？

　　——"他们"在哪？

　　——怎样成"人"？①

（二）新文科：立足于数智时代

　　新文科的建设需要结合时代发展的背景，运用跨学科研究的方法进行。不管我们是否愿意承认，人工智能已经在介入文学与文化领域，这也是新文科所面临的挑战与机遇。南方科技大学的陈跃红教授指出，人工智能介入的文学和文化创造从一开始就不再被人类全盘掌控，而是不可避免地内生出许多跨越技术与人文二者界面的新命题和新内涵。传统意义上的写作模式被打破，"人机合谋"的"AI作者"使得写作成为一种混合主体的行为，传统的写作实践在"AI作者"的身上将发生巨大的改变，构思、拟稿、写作、修改等都不再遵循传统的写作程序，甚至能够快速生成"2.0版本"或"3.0版本"，这对于"两句三年得，一吟双泪流"的作家来说简直不可想象。这也给人类学的研究带来机遇，预示着研究范式的转变。同时，陈教授也发出疑问：我们是否已经做好了迎

————————————————

① 徐新建：《人类学与数智文明》，《西北民族研究》2021年第4期。

接新文科的准备？①

　　数字化人文时代已经到来，掌上图书馆已然成为现实，AI人文也会成为不可逆转的趋势，人类自身也在逐渐"赛博格化"。从人类学家的观点来看，在人机耦合的时代，作为"后人类"的我们必将经历一场生存的变革。同时，人类学家也敏锐地感知到，跨学科研究必然会成为数智时代的大势所趋。

✧ 本章小结

　　在生物工程、无机生命工程以及仿生工程技术的加持下，人类世界由自然法则进入智慧法则。

　　数字技术、人工智能、虚拟现实走进人类社会，关联并改变着人类的生存状态，以这些技术为支撑的数智时代已经到来。从互联网诞生起，虚拟世界的建立工程就已经开启。如今，虚拟与现实交互影响着人们生活的方方面面。人类学家将研究视角从线下转向线上与线下、虚拟与现实的结合，赛博格人类学、互联网人类学、微信民族志等凸显学科研究的前沿性，而跨学科研究成为数智时代新文科建设的必然。

✧ 关键词

数智文明　人类世　人工智能　后人类　新文科

✧ 思考

1. 什么是"人类世"？"后人类"的特征有哪些？

2. 如何看待关于"元宇宙"的争议？

3. 结合自身专业知识与人类学知识，谈谈人类应该如何应对数智时代？

_____

① 陈跃红：《新文科与人工智能语境下的跨学科研究》，《燕山大学学报》（哲学社会科学版）2022年第2期。

✧ **拓展链接**

1.〔美〕阿尔文·托夫勒：《未来的冲击》（版本不限）

2.〔以〕尤瓦尔·赫拉利：《未来简史：从智人到智神》（版本不限）

3.央视纪录片《互联时代》

编后记

　　"美美与共：人类学的行与思"是四川大学面向校内本科生定向打造的通识教育核心课程之一，由四川大学文学与新闻学院文学人类学与中国少数民族语言文学教研室教学团队领衔建设，集体授课。自2021年秋季学期首次行课以来，"美美与共：人类学的行与思"受到来自全校文、理、工、医等不同专业学生的好评，在短短三个学期的创建过程中一跃成为川大通识课的热门课程之一，并曾取得"学生推荐选课排行榜"第一名的好成绩。

　　围绕以学生成长为中心、培养复合型人才的创建宗旨，授课团队在对课堂教学内容和形式不断探索创新的同时，带领文学人类学和中国少数民族语言文学专业的研究生将课程建设、专业教学和理论研习、读书会等多种教学实践形式加以整合，于2022年5月启动了学术写作工作坊，历经一年的艰辛付出，最终顺利完成了这门通识教育核心课程的配套教材撰写工作。这是师生协作、教学相长的实践成果，也是通识教育核心课程建设的又一创新之举。

　　本教材的主编为李菲教授和李春霞教授，副主编为梁昭副教授、邱硕副研究员和完德加副教授。李菲教授和李春霞教授负责全书编撰主题、框架结构和编写体例的设计，对全书学术水准和撰写风格进行统筹把控，并拟定相关章节撰写框架；梁昭副教授、邱硕副研究员和完德加副教授参与相关章节学生写作工作的指导和审阅。研究生白锐和刘义梅承担教材编撰的总体协调工作。

本教材以专题的形式分为十二章,力图把握文化人类学的学科宗旨、核心方法和重点领域,以深入浅出、生动晓畅的笔触将这门学科的博大视野和知识魅力浓缩在有限的篇幅之中,向大学生和青少年发出"人类学的邀请"。

本教材各章编写的指导老师和执笔学生的具体安排如下:

第一章《当"人"成为问题:人类学导论》,由李菲教授指导翁芝涵撰写;

第二章《天下之大,文以化之:文化是什么?》,由邱硕副研究员指导严可健撰写;

第三章《天真的人类学家:作为对象、场域和方法的"田野"》,由李菲教授指导白锐撰写;

第四章《关于幸福的另一种讨论:人类学家眼中的性别、婚姻与家庭》,由完德加副教授指导凤婧撰写;

第五章《食物从哪里来:生计模式与文化演化的底层动力》,由梁昭副教授指导王鹏撰写;

第六章《从"一个"到"一群":跨入人类社会》,由梁昭副教授指导徐婷婷撰写;

第七章《隐藏的力量:仪式、宗教与信仰》,由完德加副教授指导林昱汝撰写;

第八章《下乡与进城:从乡土中国到现代都市的人类学拓展》,由邱硕副研究员指导张逸云撰写;

第九章《重返作为物种和人口的我们:如果达尔文和马尔萨斯来讲课》,由李春霞教授指导马思晗撰写;

第十章《人类学有"弑父情结"吗:社会科学的自觉、反思与超越》,由李春霞教授指导徐婷撰写;

第十一章《人类学的"板眼儿":医学、媒介、实验室》,由李春霞教授指导王万里撰写;

第十二章《前沿视野：数智时代的人类学会迈向何方》，由梁昭副教授指导刘义梅撰写。

全书经多次修订才得以付梓。不足之处，请批评指正。

编　者

2024年3月31日

图书在版编目（CIP）数据

美美与共：人类学的行与思 / 李菲，李春霞主编
. — 成都：四川大学出版社，2024.4
（明远通识文库）
ISBN 978-7-5690-6737-8

Ⅰ．①美… Ⅱ．①李… ②李… Ⅲ．①人类学 Ⅳ．
① Q98

中国国家版本馆 CIP 数据核字（2024）第 068035 号

书　　名：美美与共：人类学的行与思
　　　　　Meimei-Yugong：Renleixue de Xing yu Si
主　　编：李　菲　李春霞
丛 书 名：明远通识文库

出 版 人：侯宏虹
总 策 划：张宏辉
丛书策划：侯宏虹　王　军
选题策划：庄　溢
责任编辑：庄　溢
责任校对：袁霁野
装帧设计：墨创文化
责任印制：王　炜

出版发行：四川大学出版社有限责任公司
　　　　　地址：成都市一环路南一段 24 号（610065）
　　　　　电话：（028）85408311（发行部）、85400276（总编室）
　　　　　电子邮箱：scupress@vip.163.com
　　　　　网址：https://press.scu.edu.cn
印前制作：四川胜翔数码印务设计有限公司
印刷装订：四川省平轩印务有限公司

成品尺寸：165 mm×240 mm
印　　张：19.25
插　　页：4
字　　数：275 千字

版　　次：2024 年 6 月 第 1 版
印　　次：2024 年 6 月 第 1 次印刷
定　　价：69.00 元

扫码获取数字资源

四川大学出版社
微信公众号